心/灵/成/长/系/列

U0870365

努力，

让全世界看到你

黄路建 / 著

中华工商联合出版社

图书在版编目（CIP）数据

努力，让全世界看到你 / 黄路建著 . —北京：中华工商联合出版社，2020. 10（2023.9重印）

ISBN 978 - 7 - 5158 - 2832 - 9

Ⅰ. ①努… Ⅱ. ①黄… Ⅲ. ①人生哲学 - 通俗读物 Ⅳ. ①B821 - 49

中国版本图书馆 CIP 数据核字（2020）第 159259 号

努力，让全世界看到你

作　　者：黄路建
出 品 人：李　梁
责任编辑：胡小英
封面设计：田晨晨
版式设计：北京东方视点数据技术有限公司
责任审读：李　征
责任印制：迈致红
出版发行：中华工商联合出版社有限责任公司
印　　刷：三河市燕春印务有限公司
版　　次：2020 年 10 月第 1 版
印　　次：2023 年 9 月第 2 次印刷
开　　本：710mm × 1020mm　1/16
字　　数：125 千字
印　　张：12
书　　号：ISBN 978 - 7 - 5158 - 2832 - 9
定　　价：68. 00 元

服务热线：010 - 58301130 - 0（前台）
销售热线：010 - 58302977（网店部）
010 - 58302166（门店部）
010 - 58302837（馆配部、新媒体部）
010 - 58302813（团购部）
地址邮编：北京市西城区西环广场 A 座
19 - 20 层，100044
http://www. chgslcbs. cn
投稿热线：010 - 58302907（总编室）
投稿邮箱：1621239583@ qq. com

前　言

很多人都喜欢抱怨，抱怨自己的出身不好，抱怨工作不好，抱怨遇到的机会不好……凡此种种，将自身的遭遇推脱到身边的环境上，从不问自己是否真的努力了。就像滴滴打车的CEO程维所说：“努力到无路可走时，上天就会给你一扇窗。”人生越努力就会越幸运，越努力，得到的机会就越多。

人的一生原本就不存在什么绝对的公平。有人家庭富裕，有人家境贫穷；有人聪明伶俐，有人稀松平常；有人一帆风顺，有人挫折无数。我们不能对这些差别视而不见，可是，我们也要坚信，自己总有一天会有足够的能力将这种差距缩短，乃至于消弭。

当你走出大学校门，踏入社会的时候，发现自己除了满腔的热情其他一无所有时，你应该想着去奋斗，去争取。所有人都期待幸运女神对自己眷顾有加，帮助自己尽快成功，可是，你应该明白只有努力，才能改写命运；只有努力，才能交好运。

无论在任何时间、任何地方，我们每一个人都要懂得这样一个道理：一个努力朝着梦想前进的人，整个世界都会为他让路！青春是用来奋斗的，理想是用来实现的。在生命的道路上，要输就输给追求，要嫁就嫁给幸福！朋友，努力吧，用青春的斗志来实现个人理想，用拼搏的力量去成就梦想！

目 录

第一章

努力到无路可走，全世界为你让路

第二章
不要把终归平淡当作你不努力的借口

第三章
有梦的地方，就是你拼命的理由

第四章 道路的尽头，永远留给一直坚持的人

第五章 方法不正确，努力也不会成功

第六章
一生总需要拼尽全力逼自己一次

第七章
扛住！你就可以赢得整个世界

第八章 在逆境中成长，人生是熬出来的

第一章

努力到无路可走，全世界为你让路

年轻即活力，青春即张扬。在短暂的一生中，你唯有努力绽放，才不辜负自己拥有的光阴。无论在任何时间、任何地方，不管遇到什么样的困境与挫折，你都要懂得这样一个道理：努力到无路可走，上天就会给你打开一扇窗！

只要你足够努力，美好终将如期而至

年轻即活力，青春即张扬。在短暂的一生中，你唯有努力绽放，才不会辜负自己拥有的光阴。

他叫乔小刀，和许多人一样，曾经是一位北漂，最初只是一名装修工人。如今的他拥有设计师、创意师、丝网印刷专家、展览策划人、手工狂、乐队主唱、诗人、杂志主编等多重身份，涉猎音乐、设计、绘画、摄影、策展多个行业，各个领域都有人呼应，也颇受追捧。之所以有这么多光环，是因为他非常努力，敢想敢做，他把大多数人称之为无聊的时间，用来发展自己的业余爱好。

当他还是名电焊工的时候，他就立志不能只做一名电焊工，他想做设计，就利用老板的公司学电脑，到海淀图书城拼命看书吸收知识，获得知识更新，他做的设计与别人的都不一样。

乔小刀除了做设计外，还画画，搞油画展。1999年2月，他在一家酒吧举办了一场叫“锈”的画展。2000年，互联网公司遍地开花，他又追随潮流，并如愿以偿地进入一家网站工作。2004年年底，他离开这家公司，成立了自己的工作室，做起了丝网印刷。2006年，他花260块钱买了一把吉他，零基础开始做音乐。没想到，一个“没调没拍”的人居然开起了音乐会，受欢迎程度不亚于当时的一些民谣歌手。最后，身为设计师、策展人、音乐人的他在北京买了房和车，真正做到了青春无悔。

乔小刀的成长故事，其实就是一个普通人从默默无闻到小有成就的典型的励志故事。不同的是，他的故事更温暖，更接地气，所以更能打动人。他在证明，只有你不耽于眼前安逸的生活，不用无聊来麻醉自己，勇于探索和寻找自我，就能够找到一片属于自己的天地，并且自由地翱翔。

也许并不是每个人都能像乔小刀一样有勇气改造自己，想办法成为自己想要成为的那种人。但至少我们可以正视自身所处的位置，努力向所在行业的优秀者看齐，努力成为这个行业的佼佼者。

我们每天不停地刷微博，看朋友圈，其实都是在听和看关于别人的故事。别人的故事不管多么传奇和充满吸引力，别人到过的地方有多么美丽的风景，但那始终是别人的经历，和我们没有丝毫关系。如果想让这些美好的事情发生在自己身上，就不要再去抱怨什么，而是用自己的行动去换取自己想要的东西。

演员王宝强的逆袭之路也应该是我们学习的榜样。王宝强出生在河北邢台市一个贫寒的家庭里，他从小穿的衣服都是哥哥姐姐们剩下的。他6岁开始习武，8岁在河南嵩山少林寺做俗家弟子，每天接受严格的训练，只有在过年的时候才能回家和家人团聚几天。

他的人生从20岁开始被画上了一条“隔离带”。前20年的生活，可以说是贫苦且艰辛的，但是那时的他或许从未想过改变什么。但是某一天，他在电视里看到李连杰出演的动作电影《少林寺》之后，便萌发了要演电影的心愿。

为了实现这个梦想，20岁的王宝强独自来到北京闯荡。由于没有经过专业训练，他刚开始的时候只能在各个剧组间做个武行的群众演员。但是，他坚信自己迟早有一天一定会实现自己的梦想。他的拼搏，让他等来了人生的春天。

梦想从来只厚待认真对待它的人。就在那一天，王宝强被李扬导演看中，主演了独立电影《盲井》，正是这部电影，拉开王宝强演艺生涯的序幕。

有人说，我们只有足够拼，才能够让自己摆脱掉命运的控制。在这种言论中，我们总是能够察觉到一些对人生的无奈。但是那些真正懂得人生价值的人会说：只要你足够努力，美好终将如期而至。

心语日记

做一个努力的人，选择智慧的人生，好运自然会到来。我们想要的一切，就掌握在我们手中！幸运一辈子不是梦想，就看我们如何选择。

你不努力，就不要怪现实太“现实”

很多人都在抱怨这个社会，抱怨怀才不遇，抱怨自己机遇不好。然而很多时候，并不是社会太现实，而是你还不够努力。对于我们每一个人而言，只有你的先天条件和后天努力都到位了，机遇才会自然而然地来到你的身边。

俗话说“天道酬勤”“只要功夫深，铁杵磨成针”。所以，一切都要看你做人做事是不是尽心尽力了，有没有把自己的全部精力全心全意地投入其中。只要你愿意努力，让自己付出辛勤的汗水，那么生活就会给你带来良好的机遇。

日本货运巨头佐川清出生在一个颇有名望的富裕家庭里，他在父母的爱护中度过了自己快乐的童年时代。但不幸的是，他的母亲在他八岁那年因病去世了，从此，佐川清无忧无虑的生活结束了。

佐川清的继母对他非常不好，中学还没毕业，他就赌气离家出走，到外面自谋生路。由于年纪还小，佐川清找工作非常不易。为了生存，他最后在一家快递公司当了脚夫。

在那个时候，快递公司一般是没有运输工具的，运输主要靠的就是脚夫搭车和走路，对人的体力要求很高，特别是运送重物，那更是非常辛苦了，可是佐川清一干就是20年。当佐川清35岁的时候，他不想再给别人打工了，想拥有一份属于自己的事业，于是他在京都创办了“佐川捷运公司”。

刚开始的时候，公司的老板和员工就是佐川清自己。他的妻子有时候也会来帮他一下，算得上是半个兼职员工。

当时佐川清所确立的业务范围是：在京都和大阪之间，做供应商和代销商的快递生意。公司刚开业的那段时间，佐川清根本就拉不到生意。主要是因为他的公司没有什么知名度，客户对他的公司也缺乏信心；第二个原因就是由于资金问题，他没有资产可以抵押，这样就不容易把信用树立起来。但是佐川清毫不气馁，依旧坚持每天往客户家里跑，一次不成就再去一次，极力在客户面前表现出自己乐意效劳的诚意。

就这样过了半个月的时间，突然有一天，佐川清再次去拜访大阪“千田商会”，老板见他来了好几次，觉得佐川清是一个做事认真的人，于是就请他坐下来聊一聊。

当这家商会的老板知道了佐川清的经历之后，非常感动。他万万没有想到一个富家子弟居然能靠卖苦力来谋生。于是，千田老板委托他将10架莱卡牌相机送到一家照相机店。而这种相机的价格非常昂贵，一架相机可以抵得上佐川清打工时一个半月的收入，可以说，这是佐川清成立公司以来接到的第一单生意，也是一笔大生意。他像捧着稀世珍宝一样小心地护送，不敢有半点疏忽，最后终于圆满完成任务。

在这之后不久，佐川清又接到一单生意，就是大阪的“光洋轴承”业主委托他运送一批轴承。当时一般的脚夫都不愿搬运这种超级重的物品，而佐川清却非常高兴地接下了这笔业务。

每个重达50公斤的轴承，佐川清背上背3个，胸前吊2个，身负250公斤，每天要往来于大阪和京都之间7次。但是佐川清还是坚持了下来，正是由于佐川清吃苦耐劳的精神深深感动了“光洋轴承”的老板，从此之后，他将公司所有的快递业务都交给佐川清做。

通过这两单生意，其他客户对佐川清有了进一步的了解，都觉得他是一个值得信赖的人，于是也慢慢地开始把将业务交给他做。

就这样，凭着自己的吃苦耐劳与正直诚信，佐川清终于成功地打开了局面。后来，佐川清承接的生意越来越多，最终“佐川捷运公司”发展成一个拥有万辆卡车、数百家店铺、电脑中心控制、现代化流水作业的货运集团公司，而它也垄断了日本的货运业，并且将生意做到国外，年营业额逾3000亿日元。

著名的美国作家罗威尔说：“人世中不幸的事如同一把刀，它可以为你所用，也可以把你割伤。那要看你握住的是刀刃还是刀柄。”是的，如果你握住的是刀刃，那么你会被现实折磨得不堪入目，如果你握住的是刀柄，那么你就能享受现实带给你的快感。

心语日记

在这个现实的社会，机遇不会无端地从天而降，无论你是男人，还是女人，要想成功，就必须狠下心来努力拼搏！

年轻就是资本，你为什么不拼一拼呢？

年轻就是资本，摔倒了可以再爬起来，一切可以从头再来。因为年轻，我们有着充沛的精力，做什么事情都充满了干劲。所以，年轻是富有活力和希望的。

每日饭点时间，在复旦大学东门都会出现这样的一幕：一辆黑色SUV车旁站着一位身高差不多1.9米、学生模样的年轻男子，一群学生围着他买盒饭。“我要一盒香菇鸡肉饭！”“给我五盒牛肉饭！”……也有一些相熟的学生亲昵地叫道：“赵宇哥，给我也来一盒！”年轻男子听后立马转到车子的另一旁，从里面拿出一盒饭递过去，搂住学生的肩低声道：“小弟，这是专门给你留的，里面有双份回锅肉啊！”那学生会意地笑笑：“明天我叫朋友全都过来。”

那名学生模样的年轻男子就是赵宇，毕业于复旦新闻系本科。他的家乡在沈阳，他14岁的时候被教练选中，紧接着，赵宇来到上海少体校练习田径，三年后，他已经成了一名合格的国家一级运动员，并被复旦新闻系录取。现在，他尽管已经开了两家饭店做了老板，但每天中午仍旧还是去复旦东门卖盒饭。

赵宇小时候家境不错，但一场意外使他的家庭陷入了困境，让年少的他第一次尝到了困苦的滋味。他读大学期间，除了学习就是打工——曾经在麦当劳扫过厕所，做过游泳教练、兼职模特、实习摄影记者、婚庆摄影以及卖盒饭。这些经历让赵宇更容易找到未来的方向。

最早做盒饭生意是在大学二年级。“我记得很清楚，那时第一次做了20盒盒饭，可一个中午卖不出5盒，我就想办法，串宿舍去卖。渐渐地，生意稳定下来了，一个中午大约能卖出去100盒，净赚250元。假如我晚上也卖得出去的话，那一个月下来我至少可以挣到上万元。”

大三下学期，赵宇在一家公司找到了一份兼职。在了解到公司员工的一些工资情况后，赵宇犹豫了，还要不要继续找工作？现在我光是卖盒饭，收入就比他们的工资高好几倍。

“年轻就是资本，我为什么不拼一拼呢？”做出决定后，赵宇就全身心地投入到打工中去。“我做游泳教练的时候，认识了不少成功人士，他们给我讲了很多他们的发迹史，让我深受启发。”“在做婚庆摄影时认识了许挺，后来我们成为好朋友，就是因为他的帮助，我才有了创业资金。”对于赵宇来说，他那时所做的每一份工作，都给他未来的创业奠定了基础。

大四时，赵宇有一位开饭店的朋友，由于经营不善，想把饭店盘出去。“他开业不到半年就亏损了20多万，我想，假如是我来做的话，一定不会是这种情况。我以前卖过盒饭，有经验，但当时根本没有资金盘下这个饭店。”赵宇说。不过他还是决定抓住这个机会，于是他详细地写了一份关于饭店经营的计划书，内容主要包括饭店的盈利点在哪里、经营特色是什么、成本要多少等情况，然后拿着这份计划书去找人借钱。功夫不负有心人，这个尚未正式步入社会的孩子借到了开启他事业的第一笔钱，并用这些钱盘下了那家饭店。

在赵宇的经营下，饭店的生意渐渐地稳定了下来，三个月后，赵宇又计划着怎么把生意做大。不久后，在校门口摆摊卖盒饭成为赵宇的首选。

赵宇的父母曾经对他的选择持反对态度，毕竟读了四年大学，做父母的总是希望自己的孩子能找到一份稳定的工作，月薪七八千，过得安稳就可以了。“我就给他们算了一笔账：假如我选一个偏远的、便宜的房子住，房租一个月也要1500元。再加上交通、水电费500元，吃饭最便宜一份10元，一个月也要上千元，还有烟、酒、电话费等500元，加起来一个月4000元都不够花。如果我自己卖盒饭、做游泳教练之类的兼职，一个月至少能有上万元收入，差不多跟主管的收入一样了。”赵宇还说，“更为重要的是，时间可以由我自由安排。”

“我一直都知道，亲朋好友提出的意见都是为我好，可供参考，不过脚下的路还是要靠自己走。”赵宇意味深长地说。

毕业后，赵宇精心经营饭店，不到半年时间，饭店的生意已经步入了正轨。这个时候，赵宇又有了新的决定，“等生意都做好了，我就找个公司上班去。”别人就质疑，问他怎么想起来要做白领了。赵宇解释说：“想去学习一些公司的经营之道。我的目标不仅仅是做好饭店生意，还要拥有属于自己的公司，所以掌握管理经验是必不可少的。但前提是我要把饭店经营好，这样我才能有资金保障，即使每个月在公司上班的薪水只有3000块我也不怕，因为我的目的不是为了那点工资，而是用钱也买不到的经验——经验是世界上最为宝贵的财富。”

赵宇对自己的未来还有更大的畅想：“40岁之前，我希望能够在大连、海南这两个地方各拥有属于自己的一幢酒店式公寓。”

不得不承认，与那些仍然在求职路上四处奔波的大学生们比起来，赵宇的确是在事业上小有成就了。也许一个名牌大学毕业的本科生卖盒饭这种事会令人大跌眼镜，但在这表象之下有更深的体现，如踏实、上进等品质确实是非常值得人们去学习的。

心语日记

俗话说："年轻即资本。"年轻，意味着做任何事都能初生牛犊不怕虎，意味着即便遭受失败也能从头再来。不要去羡慕他人拥有的财富或其他，要坚信，因为自己还年轻，所以，只要肯努力奋斗，总有一天，你也会拥有让人艳羡的一切。

看到别人的光环，却没有看到他背后的付出

一位知名演员曾说：“你只看到萤火虫身上闪烁着光芒，却没有看见它身后拼命扇动的翅膀。”很多时候，我们只羡慕他人的成功，只惊羡花儿绽放时的万紫千红，可所有的成功与万紫千红背后，无不浸透着奋斗的汗水、无私的付出以及巨大的努力。因而，无论你有着怎样的梦想，无论你要实现什么样的梦想，都要刻苦地去努力。

努力，是成就梦想的翅膀。要想扇动梦想的翅膀飞向成功，不能只说不做，而要努力去奋斗。

非洲的戈壁一望无际，在辽阔的大戈壁上，有一种像昙花一样的花，在绽放时，小小的花朵非常美丽，可它的花期也非常短暂，两天之后就会凋谢。

这种小花就是依米。依米的花期虽短，可等待绽放的时间却很长，而且需要付出常人难以想象的努力。

在非洲的戈壁上，只有根系庞大的植物才能生存，而依米花的根却只有一条，它的根只能一路蜿蜒盘曲，尽量扎根于大地深处。

对很多花儿来说，要完成根茎的穿插工作，并不是很难，可对于依米花来说，却要费尽周折，要花费五年的时间才能完成。在此期间，谁能想

象，依米花为了这两天短暂的开放，付出了多少艰辛和努力！

完成根茎的穿插之后，并不等于大功告成了，依米花依然要努力，需要一点一点地积蓄养分，在第六年的春天，依米花才能吐绿绽翠，绽放一朵小小的四色鲜花。

成功者之所以能实现梦想，在于他们敢于追求梦想，舍得为了梦想付山巨大的努力。有的人之所以没有实现梦想，有一部分原因在于他们不想付出，不舍得付出，只想坐享其成。所以，结果自然不同。

西方有句名言："除了阳光和空气是大自然赐予的，其他一切都需要劳动获得。"

你想实现自己的梦想吗？如果答案是肯定的话，那就努力付出吧！

梦想是缤纷多彩的，可实现梦想的过程没有美丽，只有汗水与付出。实现梦想没有捷径，一个人要实现梦想，就要去奋斗，就要去努力。一分耕耘，一分收获。只有努力了，付出了，才可能有所获得。不努力，不付出，可能永远都没有回报。

有一个黑人小男孩出生于纽约的布鲁克林贫民窟。当他出生后，家里就有了四个孩子，全靠父亲一个人微薄的工资在支撑。因为家庭贫穷，他从小就没有什么梦想。

当他长到13岁的时候，父亲拿出自己的一件旧衣服问他："你认为这件衣服值多少钱？"

他回答说："最多能卖一美元吧！"

父亲继续说："你能不能将它卖到两美元呢？"

他回答说："我愿意试试。"

说完，他就开始变得忙忙碌碌起来。首先，他将衣服清洗干净，之后，再用刷子将这件旧衣服刷平晾干，次日一早，他就拿着这件衣服来到一个地铁站出口。

地铁站的客流量很大，他大着胆子吆喝着卖衣服，半天后，这件衣服以2美元的价格最终卖了出去。

从那之后，他就利用空闲时间去垃圾堆里淘别人扔掉的旧衣服，然后细心地将它洗净刷平，最后再拿着它去人流量大的地方卖掉。

半个月后的一天，父亲又拿出自己的一件旧衣服给他，并对他说："你想办法把这件衣服卖到20美元吧！"

尽管他打心眼里认为这件衣服不值20美元，可是，面对父亲鼓励的眼神，他还是苦思冥想，最终想出了一个好办法。他先请学习绘画的表哥在这件旧衣服上画了一只憨态可掬的唐老鸭和一只淘气的米老鼠的图案，之后，他拿着这件衣服来到一个贵族学校门口叫卖。

这一次他又成功了，这件衣服最终被一个开着汽车过来接孩子放学的父亲看中了，爽快地拿出20美元买下了它。让人感到意外的是，那个放学的孩子因为太喜欢这件衣服了，又大方地给他5美元作为小费。

他高高兴兴地回家后，没想到父亲再一次拿出自己的一件旧衣服递给他，并对他说道："你试试，能否把这件衣服以200美元的价格卖出去。"

他心想，这么一件旧衣服怎么可能卖到200美元呢？但他没有反驳父亲的话，而是将之看作一个挑战，于是，他接过旧衣服开始思考了。

一段时间后，《霹雳娇娃》这部电影的女主角拉佛西前来纽约为电影做宣传。他等到记者招待会结束之后飞快地跑到拉佛西身边，请求她在那件旧衣服上签名。拉佛西看到这么一个活泼可爱的孩子非常欢喜，于是十分爽快地在衣服上签下自己的名字。紧接着，激动的他大声叫喊道："这是由拉佛西小姐亲笔签名的衣服，仅仅需要200美元的价格哦！”最终，因为有太多人想要，这件旧衣服便“以价高者得”的方式，从1200美元成交。

他非常激动地回到家里，原本等着父亲对他的夸赞。可是，父亲却问他：“孩子，你从卖这三件旧衣服中，明白了什么道理呢？”

他沉思了一会儿说道：“只要愿意动脑子，就一定会想到好办法。”

父亲这才微笑着说道：“你说得对，不过，我是想告诉你，一件看起来价值一美元的旧衣服，都能变得高贵起来，难道我们自己就不能变得高贵起来吗？如今，我们只是家庭贫困了些，可是，这又有什么关系呢？”

从那以后，他再也不妄自菲薄了，而是对未来充满了梦想与希冀。

几十年后，世人皆知他的名字，而他就是历史上最伟大的篮球运动员——迈克尔·乔丹。

一切皆有可能。一个人，不管是男人还是女人，不管是老人还是孩子，不管是贫穷还是富有，都应有自己的梦想，并为梦想而努力，在汗水中放飞梦想。

苏格拉底说：“世界上最快乐的事，莫过于为理想而奋斗。”为梦想而拼搏的人，无疑是幸福的。但只有志存高远，脚踏实地并且努力付出汗水与劳动的人，才可能梦想成真。

心语日记

宝剑锋从磨砺出，梅花香自苦寒来。如果你有梦想，努力去实现吧！将梦想付诸行动，多一分努力，多一分付出，多一分汗水，就会多收获一分快乐，少留一分遗憾！

只有全力以赴，你才能看起来“毫不费力”

你身边有一群“他们”，他们努力工作，尽情享乐。或许你只看到了后者，没有看到他们的努力，但事实是：他们必须非常努力，才能看起来毫不费力。

有一首歌叫《飞得更高》，相信大家都不会陌生，歌中唱道：“我知道我要的那种幸福就在那片更高的天空，我要飞得更高，飞得更高，狂风一样舞蹈，挣脱怀抱。我要飞得更高，飞得更高，翅膀卷起风暴，心生呼啸，飞得更高！”而一个人要想飞得更高，只有一个方法，那就是不遗余力地为梦想努力拼搏，全力以赴地为梦想打拼。

在现实生活中，很多人都会为梦想拼搏。而有的人之所以成功，在于他们敢于追求梦想，为了梦想以狂热的精神付出巨大的努力。

《英国达人》有一期节目中来了一个相貌平平，打扮得有些土气的中年女士。

演唱前，有评委问她：“你的梦想是什么？”

女士回答道：“像音乐剧著名演员伊莲·佩姬那样，做一名专业的歌手。”

听到女士这样说，评委与台下观众都有些不以为然，甚至有一些观众喝起了倒彩。

但当她开始演唱《悲惨世界》里的曲目《我曾有梦》时，观众立马发出了由衷的赞叹。很快，经久不息的掌声就一浪高过了一浪。听了她如天籁之音般的歌声，评委们更是拍案叫绝，给了她三个“YES”！

这个其貌不扬的女士就是苏珊·博伊尔，她出生时，因缺氧导致脑部受损，影响了以后的学习，加上她相貌不出众，从小就是被同学嘲笑、欺负的对象。再后来，母亲生病了，由于要全心照顾母亲，博伊尔只好将自己的歌星梦暂时搁置了起来。

但在心里，她从没有想过放弃自己的梦想，从没想过要放弃歌唱。前两年母亲去世了，博伊尔又重拾了自己的梦想，致力于成为一名专业的歌手。而参加这场选秀节目，则是在她母亲过世两年后的首次演唱。

每个人都有属于自己的梦想，有的人梦想成为“文思如泉涌，下笔如有神”的作家，有的人梦想成为纵横捭阖的政治家，有的人梦想成为驰骋商场的商人，有些人想当音乐家，还有些人想当勇敢的探险家……不管什么样的梦想，要想实现，都需要全力打拼。

心语日记

别人只看到了你的幸运和幸福，而只有你自己才知道，你的全力以赴和你的努力才让这一切看起来毫不费力。

以最好的姿态出现在当初否定你的人面前

经历过心理煎熬的人，大多是前期遭遇挫折或失败而最终走向成功的少数人。一个人要想获得成功，就需要明白这样一个道理：只有做出成绩，才能改变别人对你的看法。

有一位历尽艰辛从社会最底层摸爬滚打出来的法国当代著名长跑运动员，他的名字叫阿兰·米穆。他不仅是法国万米长跑运动的纪录缔造者，更是在各种国际奥运会上荣获过许多冠军或季军的运动健将，后来，阿兰·米穆被邀请去法国国家体育学院执教。

米穆家境贫寒，在他很小的时候，家人就发现了他的运动天赋。只是，那时候的米穆几乎三餐不继，怎么可能有条件去学习体育运动呢？他因为没钱买鞋，只好光脚踢足球，米穆去学校念书的时候，母亲特意为他买了一双廉价的草底帆布鞋，只是，当米穆的父亲看到他竟然穿着新鞋踢球时，打了他一顿。

米穆小学毕业后没钱念书，只好去一家咖啡馆里跑堂。每天，他都要工作到深夜，但是，他的长跑从未间断过。为了加强身体锻炼，米穆每天清晨五点就起床，日积月累，他的脚跟早已发炎化脓。他为了保住自己的饭碗，只能有苦自己咽，每天跑步上班就当作自己的长跑锻炼了。在这种情况下，他决定报名参加法国举办的五千米比赛，最后，他以第二名的成绩被选中去参加伦敦的奥运会。

在一万米决赛当天，伦敦的天气极其干热，就如同暴风雨将要到来的前夕。比赛开始后，米穆全身心地投入到比赛当中。同伴们一个接一个地落在他的身后。在最后的冲刺时，他获得了第二名的好成绩，而当时的第一名是来自捷克的著名长跑运动员扎托倍克。

四年之后他又一次幸运地被选中代表法国去赫尔辛基参加第十五届奥运会。在那里，他打破了一万米法国长跑纪录，并在被号称“21世纪五千米决赛”的比赛中，又一次为法国夺得了银牌。

勤奋好强的人，总有一天会被命运之神眷顾。米穆在墨尔本奥运会上参加了马拉松比赛，并在这场比赛中，获得了奥运冠军，从此，再也没有人看不起他了。

后来，米穆不再去咖啡馆做跑堂了。他曾经这样说：“我喜欢咖啡，喜欢咖啡的那种香醇，也喜欢那种苦涩的滋味。”这句话可谓寓意深长。

心语日记

只要信念不倒，再怎么恶劣的环境也无法阻碍一个人前进的脚步。在逆境中，在得不到人们支持的情况下能够实现自己的梦想，这种成功的含金量才会更高。不要害怕别人的质疑之声，为了以后能以完美的姿态出现在当初否定你的人面前，去努力吧！

第二章

不要把终归平淡当作你不努力的借口

记住，在努力的道路上，一定不要轻易被挫折打倒，也不要把“平平淡淡才是真”当作自己不努力的借口，要相信自己一定能够坚持下去，直到成功的那一天来临。

你以为别人在装酷炫富，其实你在原地踏步

在我们的日常生活中，大部分的人们都有着差不多的资质与家庭背景，可是，当我们还在原地徘徊时，却没有看到那些曾和自己不分上下的人在前面奔跑。当一起长大的伙伴出人头地时，你只是认为别人在装酷炫富，却不知道别人已经上升到自己无法企及的更高的层次了。

有一个名叫小丽的女生自从大学毕业后，就变得一天比一天明艳动人，简直与高中时期的她不可同日而语。当小丽的同学看到她如此大的变化后，都纷纷认定小丽是通过整容才变漂亮的；当小丽的好朋友将小丽的照片分享到朋友圈后，更多的人认为小丽一定是整容了。

实际上，长大后的小丽通过运用彩妆修饰了自己的容貌，根本没有整容。一些好奇的人忍不住询问小丽是如何保持这么好的身材的，小丽回答道："首先，我坚持每天去健身房锻炼身体，其次，因为我在国外开饭店，每天都要工作十几个小时，当人手短缺时，我还需要自己亲自端菜刷

盘子，甚至是打扫卫生。有时候，我还会在网上做代购，这又需要我打包搬运货物。所以，我每天都是忙忙碌碌的，自然就瘦下来了。”

为何小丽变美了，你还是老样子呢？也许当小丽对着化妆视频用心地学习如何上妆时，你还在家里睡懒觉或者吃着零食看电视。就在小丽变美、变时尚的同时，你还和从前一样灰头土脸。

正所谓“人生无常，世事难料”。只是因为自己蹉跎了几年岁月，看到别人通过努力成为更好的人，就开始忍不住地对其嫉恨有加。其实，我们之所以对他人产生这种嫉妒的心理，就是因为自己没有能力追上别人，可是又不想承认自己比别人差劲，总是一厢情愿地认为他人都应该与自己保持一致才行，于是对他人报以恶意揣测。

小樱作为一名创业人，总是喜欢到四处游历。据说，她曾经主动放弃了哈佛与耶鲁大学提供的创业机会，只是凭着自己的努力就能够一天盈利10万块。当有些人看到有关小樱的这一消息时，就会说：“这没什么大不了的，一看这个女孩子的长相，就可以猜测到她的背后是家里有钱支持她，不然，她一个还没有走出校门的女大学生，才不可能拥有如此大的能耐呢！”

然而，据小樱的一个好朋友回忆称：“当时，我与小樱在同一家公司做着同样的工作，时间一长，彼此就很熟悉了。直到今天，我还是想不明白，还在读大学的小樱是通过什么渠道开始创业，并且赚到钱的。另外，她又是为什么在事业最鼎盛的时候突然决定向时装定制行业发展，又是凭着怎样的毅力在半年的时间内连续开了三家小吃店？其实，我只是亲眼见证过小樱在创办自己的小吃店时，总是不分昼夜地努力，她会花好几天在各个城市选择开店的最佳地址，还会在装修上用最少的钱打造最美的小店环境，她还会与商场制定的不合理规定据理力争。实际上，我心里明白，当我躺在沙发上刷头条，关注娱乐新闻的时候，小樱在同一时间段内已经做了许多我办不到的事情。另外，我需要为小樱澄清的是，她的家境很差，甚至还有巨额外债，据说她早期赚的钱都用来替家里还外债了。”

小樱就是通过自己的努力，才改变了自己的命运，从而过上富足的生活。而向来懒散、不肯努力上进的你，又有什么资格去评判她呢?

当我们看到那些事业有成的人，都要想想自己是否具备那些人身上的优点，应该如何向那些人学习。有些人总是把一个人的成功归结于他的家庭背景，殊不知他本身一定存在成功的“因子”，才会走向成功。例如，成功人士花时间去拓展自己的人脉圈，而自己却宅在家里玩电脑游戏；成功人士每天在外面努力奔波，而自己却宁愿没钱也不愿意“遭罪”。因此，当看到别人成功时，你要做的不是嫉妒挖苦，而是寻找出自己与他人的差距在哪儿，想一想如何改进才能走向成功。

心语日记

人生百态，选择不同，生活自然也就不一样。例如有些人向往田园生活的平平淡淡，有些人却渴望在商场中出人头地，闯出自己的天地。但是，不管你的选择是什么，都需要努力经营生活。

命运不是老天给的，而是自己创造的

人要争气，争一口气，这种气概与气势，就是人的精气神，就是人的精神面貌与精神状态。不管面对什么样的困难局面，争气才是打破僵局的唯一方法。我们一起来看下面的故事。

高军出身农村，家庭贫寒，高中后便选择了打工，于是孤身一人去了深圳，当时他身上只带了一千多元钱。

新时代的深圳可谓遍地都是黄金，可是高军没有专长，别说赚到黄金，连普通的工作都很难找到。工作找不着，身上钱也不多，高军只能尽量省着花，他住在廉价的小店里，每天以方便面度日，可身上的钱还是渐渐花光了。就在山穷水尽的时候，高军终于在白石洲的一家工厂找到了工作。虽然每月工资少得可怜，但好歹有了安身的地方。

高军不甘心自己一辈子当一个默默无闻的工人，于是，他决定利用空闲时间学习一种技能傍身，后来，他拿出自己赚来的所有钱财报了计算机培训班。俗话说："人若倒霉，哪怕喝口凉水都塞牙。"高军没想到自己报名的培训班是个骗局，只上了一个星期的课，老板就卷款潜逃了。

为了省钱，高军春节不打算回老家过年，可是思乡心切，最终还是熬不过对家人的挂念，登上了回家乡的火车。经历了春运的种种艰辛，高军终于回到了老家。由于过得不好，他被同村人嘲笑。每当夜深人静的时候，高军总是回想起深圳的生活情形，回想起遍地的高楼大厦、川流不息的高档轿车以及满大街的红男绿女。高军坐不住了，他不甘心，别人能做到的事，为什么他做不到？他在内心暗暗发誓：我一定要混出个人样！

春节后，高军第二次前往深圳，虽然他还是一无所有，但已经有了不少闯荡的经验。在某次奔波于人才市场无果后，高军偶然听到周围求职的人在交谈。其中一人提到他现在住的地方很便宜也很便利，很适合求职的人住。这话激起高军的想法，他想，现在求职的人这么多，低价的租房必定很有市场！

高军立刻行动起来，做起了当二手出租人的生意，给他带来一笔不菲的收入。

尝到甜头后，高军心里有了另外的盘算，他觉得深圳外来求职的人众多，对租房的需求非常大，房屋中介的生意肯定很有发展潜力。于是，他应聘到一家房屋中介公司，做了最底层的业务员。这个职位没有底薪，所有的收入来自收取的中介费用。当上中介的高军工作很卖力，带着客户行走于深圳的大街小巷，鞋子都穿坏很多双，脚底也磨出了老茧。功夫不负有心人，高军的辛劳没有白费，两年的时间，他存下了三十多万元的存款，这笔钱成了他后来事业的启动资金。

一个偶然的机会，高军看到了一张广告单，这张单子上印着一家送菜公司的广告。高军看着单子，心里活泛起来：深圳的生活节奏快，很多人忙于工作，根本没有时间来采购蔬菜，这种送菜的服务应该是很有市场需求的。

有了想法后，高军又找到一个老乡了解情况。这个老乡是做蔬菜批发的，在这方面很有经验。从老乡处了解到的情况更加坚定了高军的决心，当年10月，高军就成立了自己的公司——深圳市望家欢蔬菜配送有限公司。高军将他的全部积蓄和心力都投入到这份事业当中，凡事亲力亲为，亲自带着员工去街上和高级住宅区分发宣传单。

万事开头难，高军的生意一直不温不火。有一天，高军在街上边散步边为资金发愁时，突然看到一位老人摔倒在地。他连忙上前扶起老人并送老人回了家。这只是个小插曲，高军并没有将其放在心上。谁料，第二天好事就落到了他头上，他的公司突然接到一笔大生意。这笔生意的主顾是深圳一家大公司，该公司的后勤主管亲自打来电话，他告诉高军，这笔生意是他们公司副总亲自安排的。高军后来才了解到，原来他那天扶起的老人正是这家公司副总的父亲。高军万万没想到，他的一个善举，竟给他的生意带来了转机。

生意稳定之后，通过不断向同行请教以及阅读相关书籍，高军调整了经营思路，将公司的服务对象从家庭转向大公司、大单位等需求量大而稳定的客户。后来的发展也证明了高军这一思路是正确的。

时光荏苒，经过几年的发展，在他的管理下，公司规模越来越大，员工越来越多，素质也越来越高，利润逐年增高。

看完高军的拼搏故事，我们还有什么理由让自己浑浑噩噩，虚度时光？也许你正处在困境中，也许你也有很多豪言壮语。然而，你若不争气，不能不断地提高自己，学得一技之长，如何扭转自己被动的人生？

心语日记

俗话说："人争一口气，佛争一炷香。"当我们面对困难时，不要气馁，要迎难而上，为自己争口气，定能扭转被动的人生。

胆小怕事，给你机会你也抓不住

当机会出现的时候，为什么你抓不住？很多时候，答案就是你胆小怕事。其实，生活处处皆机遇。你偶然发现的一个现象，你瞬间产生的一个念头，你偶尔遇到的一个人，都可能成为改变你现状的一次机遇。所以，我们要善于发现机遇，敢抓机遇。

1829年，李维·斯特劳斯出生于德国一个犹太人家庭。他从小就非常聪明，一帆风顺地读完中学和大学，然后像他父亲一样当了一个小小的文员。但是，他对金钱的渴望让他无法安于现状。

1850年，李维像许多年轻人一样，带着狂热的淘金梦前往美国旧金山。几经辗转，李维终于到了美国，跟随着一支淘金大队向西行进。

有一天，他们到了一个地方，面前横亘着一条大河。当时的美国西部是一片荒芜之地，河上无桥也无船，人们无法过河。于是，有人向上游或下游绕道而行，也有人直接打道回府。

李维想，他们都有过河的需求，这里隐藏着一个巨大的商机！他很快找来了一艘渡船，人们都愿意花上一点小钱乘他的渡船过河。不久，李维就获得了第一桶金。

又过了一段时间，摆渡生意逐渐清淡，他才继续向西行进。但是，到了旧金山后他才发现，是自己的头脑有点过热了。目之所及，到处都是淘金者，到处都是帐篷。李维和这些淘金者一起，蜗居在一个个帐篷里。“我能实现发财梦吗？我能满载而归吗？”面对淘金大军，李维对自己的未来感到十分彷徨。

但李维没再多想，他很快买了工具，给自己找了个淘金的地方。当他准备动手淘金时，马上有几个彪形大汉不客气地对他说：“年轻人，你肯定是不懂规矩，这是我们的地盘！”李维没办法，只好尝试换一个地方，但遇到了同样的责难。

“看来我是没有能力和这些人一起争抢黄金了。我应该怎么办呢？”李维陷入了沉思。

李维所在的地方离市中心很远，想买点东西都非常不方便。有一次，他因为要买日用品，不得不大老远地跑到市中心去，买了东西之后又跑回来，非常狼狈。“与其从土里淘金，还不如从这些人身上淘金。”具有敏锐商业嗅觉的李维决定开一家卖日用品的小店。

果然不出所料，李维的这家小店生意非常红火，来光顾的人络绎不绝。李维尝到了甜头，为了赚更多的钱，他加大自己的进货量，乘船外出采购了许多日用百货、帐篷和帆布，期待这些货物能卖个好价钱。

果不其然，还没等他下船，那些日用品就被抢售一空，只是，同样是必需品的帐篷和帆布，却无论他叫喊得多响亮，也无人问津。原来，淘金者们都已经搭好了帐篷，没人会傻到再花钱搭第二个。如果帐篷和帆布卖不出去，他就要赔本了。

正当他万分沮丧的时候，见到一个淘金者朝他走过来，注视着他的帆布。李维非常高兴，连忙迎上去问是不是要买帆布。那淘金者摇摇头说：“我不需要再搭一个帐篷，我需要一条像帐篷一样坚韧耐磨的裤子，你有吗？”

“我想知道您为什么需要这么一条裤子，您能告诉我吗？”李维好奇地问道。

淘金者回答说：“我们在淘金的时候，裤子经常要与沙石摩擦，棉布做的裤子很快就会被磨坏。”

淘金者的话像《圣经》里的经典一样提醒了他，给了他灵感：反正这些帆布卖不出去，如果用这些厚厚的帆布做成裤子，又结实又耐磨，肯定会大受欢迎！于是，李维用帆布制作了裤子。果然，帆布裤子大受欢迎，他因此大大地赚了一笔钱。

因为这种裤子受到大家的欢迎，李维于是开了一家专门生产裤子的公司，并以自己的名字“Levi’s”作为品牌名称。

从李维手里诞生的那条裤子，就是后来牛仔裤的源起，它象征着野性、刚毅、叛逆与美国开拓者的精神。

有一位哲人说过：智者善于抓住机会，强者敢于创造机会，弱者只是等待机会。毫无疑问，李维是一个善于抓住机遇、敢于创造机遇的人。现在再来反想一下自己，当机会来临时，你抓住了吗？

心语日记

想要获得成功，首先要有敏锐的嗅觉，看到别人看不到的机会，想别人想不到的问题。敏锐的嗅觉并非人人都有，但遭遇困难后的不屈不挠却人人都可以拥有，这也是成功的一大秘诀。不管身处何方，也不管做什么事情，都需要有一双善于发现的眼睛，因为成功常常隐藏于细节之中。

日子的好坏或许就差那么一拼

成功学大师拿破仑·希尔曾说："生活就是这样，有些人再苦、再累、再困顿，但奋斗了，他是生活的主人；有些再快乐、再舒适、再富足的人，但他始终自豪不起来，因为在生活之河里，他缺少艰难的拼搏。"是的，生活就是这样的，你日子过得好不好，幸不幸福就差那么一拼。只要你奋斗了努力了，你期待的幸福生活总会来临。

没有付出的回报往往得不到人们的珍惜，我们也无法从他人送来的成功中感受到喜悦。用自己的努力换取的成功果实才会分外的甜美。人们会把金榜题名时说成是人生最快乐的时刻之一，就是因为它是我们十年寒窗苦读的结果。

从前有一个农夫，他有两个儿子，大儿子非常懒惰，从来都不喜欢下地干活，小儿子却很勤劳，地里有什么事情都抢着做。

农夫很为自己的两个孩子担心。一天，他把两个孩子叫到自己的面前："孩子们，你们都长大了，要学会独立生活，我没有很多财产分给你们，只能给你们两块地。其中的一块我已经开垦了多年，土壤很肥沃。另外的一块在后山脚下，面积大一点，但是要自己去开垦，你们选择一下！"

两个儿子互相看了看对方，大儿子说："我是老大，我先选，我要你开垦过的那块地。"

小儿子笑了笑："我没有意见，后山的那块地归我。"

小儿子说完就背着锄头兴高采烈地去了属于自己的那块地里，果然，这里荆棘丛生、土壤板结，里面还有很多石头。看来得费点力气了。他毫不迟疑，马上动手挖杂草。

大儿子三天后才到自己的地里，随便用耙子耙了几下，撒了一包菜籽，连水都没有浇，就回家睡觉了。他那块肥沃的土地也因为疏于管理，日渐荒芜。

一年后，村里的人都说后山变成了花海。大儿子听说这个消息，也跑去看，这不正是自己的弟弟分到的那块地吗？可是怎么变化这么大？原来的杂草都不见了踪影，放眼望去，是一片花的海洋，红的、紫的、粉的……开得姹紫嫣红、芳香四溢。而那些小石头，被弟弟悉心地铺成了石子小路，人们走在上面参观各个品种的花时，还可以按摩脚底。

当弟弟满脸笑容地邀请他参观自己的花卉基地时，哥哥非常惭愧，他自以为过了一年悠闲自在的日子，现在却发现，那种日子是那样没滋没味。

我们想要好好地享受生活带给我们的果实，就必须先为它施肥、浇水。这就好比一个农夫，在春播夏种之后把丰硕饱满的果实搬进粮仓时的喜悦；就好比一名教师，以全身心投入到教学中，最后看着自己的学生走向成功时的欣慰；就好比一位母亲，在怀胎十月之后，看到自己的宝宝出生时的那种激动……但是，没有亲身的付出，肯定是体会不到这种喜悦的。

心语日记

要想改变生活，就奋斗吧！要想品尝幸福的滋味，现在就伸出勤劳的双手开始劳动吧！终有一天，你会体会到自己播下的种子长出诱人的果实时的无尽喜悦！因为，用自己的努力得到的成功果实会分外甜。

所有的迷茫，都是因为你太懒

在现实生活中，相信大多数人都有过许许多多的迷茫。例如：毕业后，为应该去哪儿工作或做什么工作感到迷茫；工作后，为不满意的工作任务或频繁的跳槽感到迷茫；恋爱后，又为时不时地患得患失或生气而感到迷茫……

其实，我们所经历的一切迷茫，都不是由外界造成的，归根究底，还是因为自己太过于懒惰。不要总是认为全世界都好似欠了你一样，因为你不是迷茫，只是因为懒得思考、懒得行动。

我们都有一双勤劳的手，面对工作，只要我们肯努力，辛劳的汗水肯定可以结出丰硕的果实。

在某个村庄，有这么一个臭名昭著的懒汉。懒汉在自己父亲尚在的时候，根本不会下地务农，也丝毫不会因为自己是“啃老族”而感到羞愧。当他的父母相继离世后，他依然懒散不堪，其他农民在种地的时候，他躺在床上呼呼大睡，别的农民地里长粮食的时候，他家的田地里却长满了野草。

一年后，懒汉终于吃光了家里所有的存粮，当他实在找不到可吃的东西后，不得不跑到邻居家里用哀求的语气说道：“好心的大叔，你能借给我一些米吗？我饿得实在受不住了。”

邻居大叔为难地说道：“哎，你来得真不是时候，我家的陈米在昨天就吃完了，而新收的稻谷还没有打出米，如果你非要借粮食，我恐怕只能借给你一些稻子了。”

懒汉赶紧说道：“没关系，你借给我一些稻子，我愿意自己打米。”

邻居摇了摇头，接着说道：“还是不行。你看我家的稻子堆得到处都是，我根本没有时间借给你稻子呀！另外，我还要赶紧去打新米下锅。”

懒汉思索了一会儿说道：“大叔，要不我帮你把这些稻子全部打成米，只要你愿意借给我一些稻子就好。”

邻居大叔这才点点头说道：“嗯！既然你愿意帮忙，那你就赶紧去将那堆稻谷打成米吧！”

懒汉实在是腹中饥饿难耐，为了早点吃到食物，他急急忙忙地就开始拼命干活，并且没有偷懒。因为他的勤快，没过多长时间，他就将院子里堆积的稻谷都打成了米。

邻居大叔指着一袋大米对懒汉笑呵呵地说道：“这袋大米是你的了。”

懒汉听完后表示惊讶极了。

邻居笑着解释道：“你付出了劳动，我送给你一袋大米，这很公平。所以，你不用太过惊讶。”

直到这时，懒汉才明白付出的重要性，从此以后，他再也不懒惰了。

懒一生，毁一生。有懒惰习惯的人，如果再不改改习惯，就真的什么事情也办不成了。要想改变懒惰，你要做好以下几点：

第一，端正思想。

不要让懒惰的思想作怪。不想劳动，不想干活，好逸恶劳，站着想坐着，坐着想躺着，躺着就想找个更舒适的床。这就是恶性循环，一味地在寻求舒适的环境，不愿意去面对，不想去承担，不想开始本该早就开始的工作，更重要的是，这种寻求的欲望在最初的放纵下尝到了甜头，然后一点点逾越，最后会到一发不可收拾的地步。所以，要想去除懒惰的行为，首先要去除懒惰的思想，培养勤劳积极的思想。

第二，将事情细分。

很多人产生懒惰思想的原因是一看到大量的工作就没有了积极性，有一种被打败的感觉。其实，如果我们把事情细分，每天做一点，就没有做不完的事。很多工作本身乍一看可能很吓人，但如果分解到每一天，它就不是那么繁重了。合理安排好自己的时间，做好任务规划，按照规划保质保量、按部就班地去完成，不知不觉中，那个看似移山一样的工作，很快就结束了。

第三，从小事培养。

每天早起来一些，每天的工作提前十分钟完成，每天上班出门早一些……这些小事情如果每天都坚持去做，那么，久而久之就会养成勤快的习惯，去除懒惰的毛病，避免一些事情因为懒惰而被拖延。

心语日记

年轻最怕闲着，你以为清闲带来的安逸是福气，实际上它剥夺的是你对未来的期待，割断的是你与世界的距离，它让你的心胸日渐狭窄，让你对人生也越来越怀疑。

在浮躁不安的社会里，请戒骄除躁

环境影响人，社会的浮躁也带动了人内心的浮躁和不安，尤其是年轻人，面对繁华的世界，内心开始蠢蠢欲动，各种想法和念头蜂拥而至。骄傲和浮躁是相辅相生的，过于骄傲的人，自然内心浮躁，目中无人；浮躁的人，眼光浅薄，无法静心了解身边优秀的人才。我们从小就接触过很多新鲜事物，对事情有很多自己独到的见解，也更懂得表现自己的优势和能力。因为，骄傲几乎是我们与生俱来的特质。而骄傲催生出的浮躁，也一直伴随着我们。很多人，刚刚接触一项工作没几天，便没有了之前的耐心和热情，他们开始浮躁和不安起来，抱怨工作的烦琐和简单，认为自己做这种工作实在是大材小用，十分憋屈。由于内心的不满，他们对待工作的态度也越来越消极，工作也毫无效率可言。

俗话说："谦虚使人进步，骄傲使人落后。"一个人想要取得傲人的成绩，就要学会克服自己内心的骄躁，懂得审视自己，事事谦虚一些，说话谨慎一点。内心骄躁的人，在前往成功的路上，面对重重的困难和挫折，便会忧虑不安、盲目向前，最后导致自己离成功越来越远。不懂得谦虚的人，在别人看来恰是见识浅薄、无法脚踏实地工作的人。这样的人，恐怕没有哪家公司愿意录用。

《三国志》中，杨修是个思维敏捷、颇有才华的人，但是他生性自傲、嚣张跋扈，好几次触犯到曹操的禁忌，让曹操下不来台，使得曹操对他颇为不满。曹操曾经建造一座花园，完工后，曹操没有明确表达自己的意见，而是在花园的门上留下了一个“活”字。大家都不明白曹操是什么用意，杨修一看便了然，说：“在‘门’里写个‘活’，就是‘阔’字。丞相的意思是说这个花园的门太大了，还是改小一点为好。”众人纷纷为他的才智感叹，工人急忙照着杨修的意思改造了花园的门。改造好后，曹操非常满意，但内心却对杨修的表现十分不满。

还有一次，有人给曹操送来了一盒酥，曹操怕遗忘便在盒上写下“一盒酥”三个大字。忙完事，一回头，杨修竟然自作主张地拿起这盒酥与身边的随从分食起来。曹操不悦，他赶忙解释说：“丞相在上面写的‘一人一口酥’，我们不敢违背您的意思。”曹操虽然不说什么，但心里对杨修的不满却与日俱增。最后曹操攻打汉中时，终于找到了一个借口，把杨修杀了。

杨修虽然有点才华，却总是恃才自傲，觉得自己聪明盖世，太过张扬。真正有能力、聪明的人，不会急于展示自己的优点，也不会因为自己的一点才能而骄傲自满。只有那些能力有限、目光短浅的人，如同井底之蛙，他们大多只是对事情一知半解，便急于把自己的一点点能力表现出来。杨修便是这样一个不算“大聪明”的人才，他锋芒毕露，招人怨恨，一点点把自己推向绝路。

谦虚，是一种能力，是一种智慧。懂得谦卑的人，知道何时正确地推销自己，也知道什么时候该高调做事低调做人。谦虚并不是自卑，相反，懂得谦虚的人是自信的，他们相信自己的能力，不需刻意表露，自己也能如金子般闪闪发光。谦虚并不是绝对地服从，并不意味着你就该放弃自己的原则，一味地妥协和谦让。过度的谦虚不仅会给人虚伪的感觉，还会让人看轻你的能力。

著名的科学家爱因斯坦，用他的智慧给我们留下了很多宝贵的财富。相对论、量子力学，都让我们对世界有了更深的认知，也让我们能够更好地运用科学。爱因斯坦被我们认为是科学界的天才，但就是这样一位天才，也从未因为自己杰出的成就而感到骄傲和自满。

1952年，以色列前总统威茨曼逝世，下一任总统该由谁担任成了当务之急。考虑到爱因斯坦对人类做出的伟大贡献，以色列总理亲自写信，提出请爱因斯坦先生做下一届以色列总统的候选人。出乎所有人的意料，爱因斯坦婉拒了。

一位记者登门造访，问爱因斯坦：“听说您拒绝了做总统候选人的邀请，这是一个很难得的机会，为什么您却选择了拒绝？”

爱因斯坦回答道：“我是研究科学的，除了科学，其他我一无所知，对于政治更是不擅长，我怎么有资格接受这么大的职务？”

记者又追问：“您是犹太人的骄傲，是全世界最伟大的人，如果您没有资格，那谁还有资格呢？”

他谦虚地摆摆手，说：“不，不，我们每一个犹太人都很出色。我只不过是在科学上善于研究，稍有建树，世界上还有很多比我更聪明、更有能力的人。我相信下一届总统一定会是个伟大的政治家，带领以色列走得更好。而那个人肯定不是我，我不行，干不了。”

不久后，他便特意登报，明确拒绝了当总统候选人的邀请。他说：“我是个普通人，只是在物理这个领域比别人接触得稍微多一些，但是在政治方面，我根本没有能力可以做好，我还是比较喜欢专心地研究科学。”

爱因斯坦这一事例让我们感受到了伟人的谦虚和不自满，真正有能力、有才识的人，越是名气大越是懂得谦卑。他们的谦卑不是虚伪，而是出于对自己深刻的了解。

当我们在人生当中稍有成就时，一定不要骄傲自满，更不能目中无人、狂妄自大。过度自信的人恰好是自卑的一种表现，他们急于用自己的特长来掩盖住自己的缺点，却不知旁人已经看得透彻。戒除骄躁、懂得谦虚，不仅能帮助我们把工作做得更好、更有效率，也能获得同事和领导的好感。喜欢自吹自擂的人，在同事中不仅不受欢迎，还有可能引人生厌，因为那是一种虚伪和不尊重别人的表现。

戒除骄躁，谦虚谨慎。短短八个字，说起来容易，做起来却非易事。如何才能做到戒骄戒躁，谦虚谨慎呢？在此，我们提出几个小小的建议，仅供参考。

第一，正确地认识自我，不要高估自己。

认识自我几乎是一个人做所有事的前提，年轻的我们，处于一个浮躁不安的社会，想用一颗淡定的心来面对工作和周边的同事并不简单。在着手眼前的工作时，我们要对自己有清醒的认识，了解自己的长处和短处，不要高估了自己的能力，也不要低估了身边人的能力。

第二，善于学习，敢于接受新事物。

进入社会后，我们会遇到很多从未接触过的事情，这时，我们就要发挥热爱学习的精神。工作中遇到问题和疑惑就要及时虚心地向他人请教，遇到矛盾时也要懂得与对方交流谈心、开诚布公。遇到很多措手不及的事，可能我们从未接触过，但也不要害怕，要勇敢地接受。因为这样不仅能让我们得到锻炼，也能让我们知道自己并不是事事擅长。

第三，把握好谦虚的度，不要过犹不及。

谦虚固然是值得我们推崇的美德，但是过度的谦虚，会给别人带来疑惑，认为你是真的能力有限，也容易让人觉得太过虚伪，从此敬而远之。

心语日记

喧嚣的社会，浮躁与不安塞满了我们的生活。却不知，喧嚣背后，寂寞更是人生的常态。我们总在感叹，这个世界变化太快，成熟不是看你的年龄有多大，而是看你在浮躁的社会里定力有多大。

把每一天当作最后一天来奋斗

虽然我们还没有成功，但也不愿承认我们就是失意的人，所以，我们都还在路上。既然在路上，我们就得不断地激励自己向前进，即便遇到困难也要勇往直前。但人生总有不如意的时候，会有各种挫折与困难，我们又会开始否定自己的初衷，否定自己的能力，否定自己的一切。这一刻的我们，是不是把结果看得太重了呢？

我们总讲求问心无愧，我们为了各自的事业、梦想，付出过不懈的努力，即便失败又怎样呢？我们就一跌到底了吗？所以说，我们应该不断地激励自己，永远也不要否定自己，把每一天的努力都当成是下一秒，把每一天都当作最后一天来奋斗。

乔布斯，是世界市值第一的上市公司、市值达6235亿美元的苹果公司的创始人，被人们称作是“改变世界的天才”，先后领导缔造了麦金塔计算机、iPad、iPod、iTunesStore、iPhone等诸多知名产品。

乔布斯的人生格言就是“把每天当作最后一天”，他曾在一次演讲中说——

当我17岁的时候，我读到了一句话：“如果你把每一天都当作生命中最后一天去生活的话，那么有一天你会发现你是正确的。”这句话给我留下了一个印象。从那时开始，过了33年，我在每天早晨都会对着镜子问自己，如果今天是我生命中的最后一天，你会不会完成你今天想做的事情呢？当答案连续多天是“No”的时候，我知道自己需要改变某些事情了。

“记住你即将死去”是我一生中遇到的最重要箴言。它帮我指明了生命中重要的选择。因为几乎所有的事情，包括所有的荣誉、骄傲，所有对难堪和失败的恐惧，这些在死亡面前都会消失。我看到的是留下的真正重要的东西。你有时候会思考你将会失去某些东西，“记住你即将死去”是我知道避免这些想法的最好办法。你已经赤身裸体了，你没有理由不去跟随自己内心的声音。

乔布斯用“记住你即将死去”来提醒自己，把每一天当作是最后一天去奋斗。正是这种坚定的信念指引他，去实现自己的人生梦想，去践行自己的存在价值，才成就了自己的人生奇迹。

有人会觉得，那样的努力方式岂不会累坏了身体？其实也并不是那样，真正合理的工作方式是张弛有度的，而不是那种工作狂式的方法。而且当一个人专注于一件事的时候，是感受不到外界的环境的，自然也就感受不到痛苦与劳累，相反那甚至是一种愉悦的状态。现在很多人沉迷于各种事物，无法自拔，可为什么不能把那种沉迷的态度用到为自己的梦想努力上呢？

我们每个人都可以为自己的梦想制订一份详细的、合理的实施规划，我们可以按照这份规划行事，只要我们把每一天都当成是最后一天，把当天要做的事情做完，不要拖到明天再去做，我们就能获得最终的成功。

心语日记

梦想不是急于求成的，但也不是放任自流的，我们要把每一天当作是最后一天去努力，要按照结合自身制订的合理又科学的人生规划去实行，一步一步，踏踏实实地走好人生路。

第三章

有梦的地方，就是你拼命的理由

人类的每一个进步，最初都源于人类自身的梦想。同样，许多成功人士的经历也表明，他们在成功之前都有他们为之奋斗的梦想。梦想激励人们去努力、去奋斗，推动人们不畏艰难、坚韧不拔地追求成功。

眼前的苟且，只能让你忘记梦想和远方

“生活不止眼前的苟且，还有诗和远方的田野，你赤手空拳来到人世间，为找到那片海不顾一切……”这是歌手许巍的《生活不止眼前的苟且》中的歌词。就像歌中所唱的，生活不能只在乎眼前，我们还有希望，还有梦想要追求。

有人说，你希望成为怎样的人，你就会成为怎样的人。在这个世界上，大多数人之所以过着平凡的人生，并得过且过，就是因为缺乏梦想的牵引与急切想要实现的目标。

不论何时，总是会出现一些自带光环的传奇人物为人们所赞颂，这类人大多有着坚定的梦想。拿破仑曾说：“我之所以能取得成功，是因为我一直相信自己可以成功。”

小时候，佐沐的梦想是成为一名设计师。父母的想法是，在这一行如果佐沐做不到杰出，就永远没有出头之日，甚至可能连工作都难找。考大

学时，佐沐遵循父母的心愿选择了医学专业，佐沐每按部就班地上课、学习，枯燥的医学让她渐渐失去了热情，也遗忘了自己曾经想要成为设计师的梦想。毕业后，她开始在父亲朋友的医院上班，每天面对各种病人和琐碎的事情，她开始厌烦，常常有抛开一切逃跑的冲动，却始终没有勇气，只能在各种情绪中挣扎。

直到有一天，佐沐在报上看到了她的初中同桌的相关报道。报纸上称她为最年轻、最令人欣赏的追梦人，出国到知名的服装学校进修，回国后创建了自己的工作室，渐渐在这个圈子小有名气。

佐沐和她再次联系是出于她的邀请。接到她的电话时佐沐很惊讶，电话中她说自己准备结婚了，希望能佐沐给她设计一套结婚礼服。她说："佐沐，你还记得当初的约定吗？我们说好都要努力地去实现自己的梦想，等彼此结婚这天，要亲手为对方设计一套婚纱。"早已被遗忘的往事浮现在佐沐脑海里，那一刻佐沐只觉得苦涩和失落。佐沐告诉她，自己并没有如梦想的那样成为一名设计师，而是顺应父母之意做了一名医生。她沉默半晌，终于开口："你原本比我优秀！"

这样短短的一句话让佐沐工作的这段时间里所背负的压力被释放，是啊，原本自己也可以像她这样优秀，亲眼看着别人穿上自己设计的衣服，该是多么骄傲！她坚持让佐沐按照自己的想法给她设计一套礼服，佐沐推辞不过只好硬着头皮应允下来。接下来的一个星期，佐沐绞尽了脑汁，终于有了灵感。因为没有任何基础，佐沐只能凭借想象把衣服画出来，笔法十分笨拙。出乎意料的是，她竟然十分满意佐沐的蹩脚涂鸦。她甚至邀请佐沐加入她的工作室，继续发挥佐沐的才能，佐沐拒绝了。

时隔多年，佐沐已经不似当年那样思绪奔放、灵感如泉。生活已经把她慢慢打磨得失去了艺术创造者所该拥有的热情。

她问佐沐："你知道我如今这些所谓的成功都是怎么得来的吗？当年，我一个人在国外时，我就有个梦想，以后回国一定要开一间属于自己的工作室，自己设计自己缝制，亲眼看着别人穿上我设计的衣服。为了实现这个梦想，我只有更努力。所有人都不看好我做这件事，但是如今，我真的做到了。我有了这间工作室，虽然刚刚起步，但是已经小有名气，更重要的是，每天面对着我喜爱的工作，真正让我觉得人生是有意义的！"

她的一番说辞让佐沐动心了，回去后经过深思熟虑，佐沐终于鼓足勇气辞去了医生的工作，加入了她的工作室。当佐沐坐在工作室，抬头俯首都是佐沐最爱的图纸和画笔，佐沐热血沸腾起来，佐沐觉得自己就像重获新生一般，兴奋和激情让佐沐再次燃烧起来。佐沐明白，这就是梦想的力量。

有过这样经历的人太多太多，却极少有佐沐这么幸运，可以重拾梦想。更多的是在另一条所谓平坦的大道上，平平淡淡地走过一生。

人们在尘世中大多如看客一般象征性地走了一遭，真的是"人生如灯灭"，一丝痕迹也没有留下。只有那些敢于追逐梦想的人，才会留下值得后人留念的精神财富。

心语日记

不管你的现状是好是坏，但是，只要你的梦想还在，你的明天还有期待，你还能呼吸到新鲜的空气，感受到温暖的太阳，即便眼前的生活如何不堪，也不可失去生活的信仰，苟且而活。

梦想还是要有的，万一实现了呢？

马云曾经说：“梦想还是要有的，万一实现了呢？”这不是一个造梦的时代，而是一个离梦想更近的年代。

2015年由尔冬升执导的《我是路人甲》的电影男主角万国鹏是一个幸运的“横漂”。

万国鹏出生在黑龙江林口县的一个小康家庭，父亲是工厂会计，母亲是妇产科医生。万国鹏学医三年后并没有选择做医生，而是开始寻找新的人生方向。他在学校图书馆的一本书上看到一句话：“年轻人要跟着激情的方向，跟着心中的方向，跟着梦想的方向去。”一瞬间，就像画外音一样，他突然有了当“演员”的梦想。

2012年7月，万国鹏怀揣着1000块钱，向距离老家3000多公里的横店进发。和所有“横漂”一样，万国鹏在横店一开始也经历过迷茫艰难的日子。不认识任何人，也没有拍戏经验与门路，又是夏季最炎热的时候，横店白天的温度有时能达到40℃以上，许多剧组都不得不暂时停工。为了控制群众演员的数量，横店影视演员公会很少会发演员证。没有演员证，就无法接戏。热血沸腾的万国鹏，亲身体会到的第一件事就是失业。

当身上只剩下20块钱时，为了生计，万国鹏不得不打工赚钱。“我特别坚信人饿不死，而饿不死就会有未来。”他用“生活本就是演戏”来鼓励自己，开始在甜品店、烧烤店或咖啡店打工，一个月只赚到1000多，除去房租外所剩无几。

演员证到手后，万国鹏开始尝试前往各个剧组去送资料，但因为经验太过于业余，一直没人录用他。后来通过某打工处的老板，万国鹏结识了一个“群头”，并接到了第一份演员工作。尽管当了十几天的群众演员，但赚的钱还不够生活费，一天只有40元，吃住不包。万国鹏又一次只剩下20多元。

就像所有苦尽甘来的励志故事一样，万国鹏在这时获得了幸运女神的垂青。某晚他接到一个仅有一面之缘的群友打来的电话，说有个剧组在挑选跟组演员，建议他去尝试。没想到，万国鹏最后果真选上了。选上之后的第二天，带着仅剩的7元钱，他徒步一个多小时的山路来到了剧组所在的宾馆。“有宾馆住，有盒饭吃，有热水澡洗，还有2000元一个月的工资。”万国鹏形容当时的感觉犹如进了天堂。而他刚到横店时的住所是每晚25元一间的5平方米大的楼梯口夹角房，身高1.8米的他只能弯腰才能进去。房间内，只有简简单单的一张床、一个床头柜以及一把破电扇，除此之外，一无所有。

后来结识的人多了，群演的工作也愈加稳定，自我感觉“条件好很多”的万国鹏搬进了一间月租300元的顶楼天台房。

或许他自己也没料到，三个月后，他就遇到了尔冬升和《我是路人甲》。至今，万国鹏也不知道尔冬升为什么选中了自己。后来尔冬升在接受媒体采访中，提到对万国鹏的第一印象是：“不像其他东北人很能说话，他那时候经济压力很大，不是那么阳光。”而在看了他表演之后，尔冬升发现了他本性中的“憨厚、谦让、不争，有些动态比较可爱”，很符合角色的需要，“他独一无二，我们不一定要帅哥，他很特别”。

现在已经陆陆续续有其他剧组来找万国鹏了，比如在2015年11月热播的真人秀《一年级·大学季》中，万国鹏就靠着自己的努力成为上海戏剧学院的旁听生。

我们都是平凡的“路人甲”，却又因心中的梦想而闪着光。梦想不分高低，重要的，是遵循自己的内心，找到属于自己的人生。可亲可近可以触摸，普通人的梦想才更显珍贵。

心语日记

做梦很容易，为梦而行才难。要知道，一个梦就是一段旅程。最简单地说，这梦需要你做出承诺，付出时间。道理很简单，却很少有人懂。梦就是要你意识到并拥抱生活中所有可能的美好。相信你的梦，相信自己能实现它，让它带领你。不要忘记：梦想还是要有的，万一实现了呢！

人生没有捷径，只有稳稳地向前

有一首歌唱得好："我要稳稳的幸福，能抵挡末日的残酷……我要稳稳的幸福，能用双手去碰触……"

在人生的路上，是没有捷径的，就算是有一些所谓的捷径，也可能是弯路或险滩罢了。所以，不要想走什么捷径，更不能投机取巧，而是要稳稳地向前。

有一次，几个年轻的文学爱好者前来拜访契诃夫，向他请教如何写出人见人爱、广为流传的作品。契诃夫把一个厚厚的本子交到他们手上，说："这里面都是我平时积累的素材，你们先看一下吧！"

这个本子中有一百多个素材，全都是契诃夫在日常生活中所观察，并认真记录下来的。几个年轻人一边翻看，一边感慨万千。

其实，契诃夫让他们看这个本子，是想叫他们明白，好的作品并不是凭空编造出来的，而是日积月累取得的成果。那些看似出口成章的大作家，也都是先打好自己的"地基"，然后才能一步一步地建造起华丽的"高楼"。

追逐梦想的过程如同万里行船，远方的彼岸开满了美丽的花朵，要想摘取，只有付出艰辛的努力，一步步前行，别无捷径。所以，不管做什么事情，都要稳扎稳打，一步步地向前，而投机取巧，则很可能会一步踩空，跌入失败的深渊。

英国青春剧《成长教育》，讲述了女孩珍妮的成长故事。16岁的珍妮在英国伦敦乡下一所女子学校的预科班学习，她是一个聪明开朗的小姑娘，学习成绩也很棒，周围的人都感觉她能进入牛津大学继续深造。

有一天，珍妮遇到了一个叫大卫的男人，并疯狂地爱上了他。大卫带她见识了大都市的生活，这是珍妮梦想的生活，而让她想不到的是，这样的生活竟然那么容易就得到了。于是，她很快就迷恋上了这样的生活，而不知今夕何夕。

时间一天天过去了，突然有一天，她开始反思：这样的生活是不是自己真正想要的。经过反思，她意识到努力实现自己梦想的重要性，意识到学习与读书的重要性。

后来，她重返学校学习，经过一年的努力，她考上了牛津大学。

《成长教育》中最经典的台词就是："如果年轻的时候你不知道你想要什么，那你就好好读书。"

在实现梦想的路上，很多人想走捷径，期待一步登天、平步青云。但天下没有免费的午餐，无论你的梦想是成为千万富翁，还是想成为某个行业的名人，都必须踏踏实实地努力，要下苦功夫去完成应该做的事。在通往梦想的路上，只能按部就班地前行，而不是想方设法地投机取巧，或急功近利。

心语日记

如果你有梦想，就踏踏实实地去努力吧！努力保持不急不躁的淡然心境，努力用汗水撒下一路歌声，努力留下更多坚实的脚印，努力在实现梦想的路上稳稳向前！

梦想，什么时候开始都不晚

小时候，老师经常会问我们："你们的梦想是什么？"小小年纪，哪里懂得什么叫梦想，在我们心里，所谓的梦想，就是长大后我们想变成什么样的人。有的孩子会说想当科学家，有些孩子会说想当个超级英雄来拯救世界。其实，这些看似单纯而又小小的梦想，大多是不会实现的。随着年龄的增长，我们渐渐懂得梦想与现实世界之间的差距，有些人选择放下年幼时的梦想，做一些更合乎常理的梦。其实，小时候心里那小小的梦想里包含的不仅仅是对未来的期望，更多的是反映了我们年少时的单纯无瑕。

长大后，我们的世界观形成，对梦想与现实之间的差距也了然于心。在世俗的压力下，我们选择成为普通人，读书、工作、结婚生子。我们的一生似乎就要按着前人所走过的模式走下去，但我们却始终心有不甘。

有时候，我们会一次次默默地问自己："还记得年少时的梦吗？尽管是一个不切实际的幻想，但至少我们心里有过追求，有过那种义无反顾的冲劲儿。现在呢？除了生活，我们选择拒绝一些结果未定的事情。"有些人会无奈地一笑，说："即使我现在想要追求什么梦想也太迟了，有家庭、有孩子，就代表了我们有着必须担负的责任。"其实，追梦什么时候开始都不会晚。家庭的责任并不代表我们要放弃自我，只为别人付出。一个放弃梦想的人，定然也是一个不懂得热爱生活的人，这样的人在生活中如何能尽心尽力地承担自己的责任呢?

30岁的刚子是一家互联网公司的总经理，他家庭美满、工作顺利，然而，他觉得自己的内心从未被填满过。他有一本小相册，里面是他年少时的摄影作品，有些还在国际上获过奖。对于他而言，工作只是养家糊口的一种责任，是自己不得不去面对的现实，而摄影一直都是他梦寐以求的梦想。从小，他就喜欢跟在镇上的摄影师后面乱转，他觉得，一架小小的相机就能包罗万象是多么神奇的事情。那时候他就下定决心，以后一定要成为一名出色的摄影师。可惜，父母对他的这个爱好并不重视，甚至反对。一是他们觉得摄影毫无技术含量，是供人玩乐的东西；二是他们觉得刚子还年幼，根本不懂事，不懂得什么是梦想。他们只知道，刚子如果能考个好大学，就可以找一份体面的工作，再娶个懂事的媳妇儿，那样他们也算对祖上有所交代了。

父母的反对和不理解，让刚子不得不和自己喜爱的摄影说再见。尽管闲暇时候他依然会偷偷跑出去拍几张照片，但渐渐地他也意识到梦想与现实之间的差距，自己所谓的坚持在生活的压力面前显得那样的苍白。他决心彻底放弃摄影，把自己所有的摄影器材和照片都锁了起来，按照父母的安排过着普通的人生。

刚子没有辜负父母的期望，他找到一个温柔贤惠的妻子，生了个可爱的女儿。一天，上幼儿园的女儿问他：“爸爸，今天学校老师问我们，我们的梦想是什么？爸爸，到底什么叫做梦想呀？”面对女儿的疑问，刚子哑口无言。梦想是什么呢？如果说自己年幼时的梦想是成为一名摄影师，那现在自己的梦想又是什么呢？这时，他才意识到自己离梦想这两个字已经太过遥远。从那天后，刚子一直在考虑一个问题，关于梦想。他回想到小时候老师也曾问过自己同样的问题，他甚至能记得自己当时回答老师时那种自信和一本正经的神情。不知不觉，他的内心似乎有什么被慢慢点燃，他翻出自己曾经拍摄过的作品，心里一阵激动。梦想，就像有一种无形的吸引力，正召唤着他前进。很快，他又意识到自己如今已经不是那个懵懂少年，有了家庭和责任，一旦辞了职去追寻所谓的梦想，就代表着他选择了自私。

他把自己的想法告诉了妻子，没想到妻子却很支持他。她说："虽然你现在不年轻了，但是追寻梦想什么时候开始都不算晚。更何况，我们追求的不是梦想实现那一刹那的短暂快乐，而是追逐梦想的过程中品尝的喜怒哀乐。"妻子的话让刚子动容，也让他坚定了信心。他毅然辞去了别人眼里的高薪工作，重新捧起了心爱的相机。

只要心怀梦想，不管你是年少时还是年近古稀，都不算晚。因为真正重要的历程不在于成功后的喜悦，而在于我们追逐梦想时沿途的风景。当然，重要的就是对梦想的那份坚持不能变，那么，怎么样才能让我们无论在何时都不辜负曾经的梦想呢？

第一，学会权衡。

梦想并不意味着对责任的放弃，梦想与责任并不矛盾。无论何时，当你准备开始追逐梦想时，不要忘记自己身负的责任。让责任与梦想同行，才能让自己的梦想变得更加有目标和动力。

第二，梦想并不是幻想。

我们的梦想可以远大，但一定要符合实际。空谈和幻想永远也不会有实现的那一天，只有脚踏实地地保持一颗追寻梦想的心，把梦想与现实相结合，才能让自己离梦想更近一些。

第三，学会坚持。

其实每个人都有梦想，只是有些人最终选择了放弃，有些人咬紧牙关也会记得自己曾许下的誓言。我们不追求最后的成功，毕竟彩色泡沫炸开后并不一定就代表惊喜。我们应该懂得坚持，懂得享受寻梦的过程，也许无形之中就可以发现出人意料的惊喜。

心语日记

梦想，什么时候开始都不晚。生活中总有很多无奈，让我们不得不在梦想与现实之间做出选择。别害怕，只要你一直心系梦想，那么一定有实现的那天。

没人能代替你，你的梦想还得自己实现

俗语说：“靠山山会倒，靠人人会跑，只有自己最可靠。”很多人都懂得这个道理，可一遇到困难，还是希望他人能相助。如果自己的求助要求没有得到满足，就会怨声载道。

试问一下，当勾践从一国之君沦为夫差的阶下囚，忍受着吴人的羞辱和嘲弄时，有哪个人有能力帮助他呢？除了他自己，没人可以帮助他。勾践明白这个道理，才能卧薪尝胆，隐忍了十年，等将自己的国家治理得繁荣强大后，最终一雪多年的耻辱。

强者不会轻易求助他人，通常，遇到困难时，都会自己先想办法搞定。

在通往梦想的路上，不可能总是一马平川，既有平平坦坦的大路，也有坎坷不平的小路，既有水深浪高的大海，又有难以逾越的高山。此时，与其希望有人能出手相助，不如自己开动脑子，想想办法。

李嘉诚小时候，为了养家糊口，他当过茶馆跑堂、店铺伙计、推销员等。

在茶馆跑堂时，李嘉诚的工作非常辛苦，早上五点开始上班，晚上到深夜才能回家休息。尽管工作很累，可他却从不懈怠。每天，他第一个赶

到茶馆，茶馆里人多，什么人都有，而且这些人来自不同的行业和阶层。对于这些人，李嘉诚不仅特别关注，而且经常分析每一个顾客的职业与性格、爱好等，以此来了解顾客的消费心理。没过多久，他就了解了一些常客们的饮茶喜好，并牢记于心，只要客人一落座，不用多说什么，李嘉诚就会端上他们喜欢的茶水和点心。顾客们十分满意李嘉诚的善解人意，因此，很多顾客都喜欢光顾这家茶馆，结果，茶馆的生意非常红火。生意红火了，老板自然很高兴，给李嘉诚不断地涨工资。

后来，李嘉诚改行做了推销员，再后来，他自己创业，创业之初，公司在资金上遇到了困难。为了节约资金，李嘉诚经常背着装有产品样品的背包走街串巷。在创业的路上，没少遇到困难，但凭着不服输的劲头，李嘉诚每次都靠着自己的努力走出了困境。

其实在这个世界上，只有一个人能救你自己，那个人就是你自己。关键时候，能帮助你的，还是你自己。所以，如果做事情时遇到困难，一定要先想办法自己解决。

海伦·凯勒出生16个月后，就因猩红热而失去了视觉、听觉和语言能力。在以后的日子里，她的生活可以说是暗无天日，她看不到美丽的鲜花，听不到动听的音乐，也不知自己应该想什么。

但在人生困境里，她凭借惊人的毅力，一点点去学习，不仅有了正常的思维能力，还创造了非凡的成就，创造了许多奇迹。

当有人问她："是什么让你这样坚持走下去的？"

她说："因为我一直在告诉自己，不管生活中遇到多大的困难，只有自己才能拯救自己。"

对任何人来说，困难是福，挫折是财，自己是神。一个人只有饱尝各种困难与挫折，才能不断提升自己的能力，才能一步步实现梦想。所以，在遇到困难时，不要将解决问题的希望寄托在他人身上。要知道，世上没有免费的午餐，凡事与其寄希望于他人，不如让自己鼓起勇气。

看过一则故事：一位老和尚问小沙弥，你进一步则死，退一步则亡，你该如何去做？小沙弥回答说：我向旁边去。每一个人在通往梦想的路上，都有可能遇到困难与挫折，但只要你多动脑子，多想办法，舍得吃苦与努力，那么，总会找到解决问题的方法。所以，遇到困难时，先不要想，“我完了，死定了”，或“我去找某某，看他有什么办法”，而要先冷静下来，想想有什么解决的方法。

这个世界上没有救命稻草，关键时刻，还是要靠自己。人只有依靠自己才是最靠谱的，只有你自己有了安身立命的能力，才有可能获得幸福的生活。所以，无论是谁，无论遇到什么样的困难，都要靠自己去解决。而每解决一次困难，我们的能力就会得到相应的提升。当我们有了强大的力量，梦想必然会在前方熠熠生辉，甚至会发出炫目的光芒。

心语日记

自己才是梦想的缔造者。所以，人一定要大胆、勇敢地树立梦想，并为梦想插上高飞的翅膀。当确立了自己的梦想后，我们需要一份义无反顾的勇气，需要坚定地追求梦想，在通往梦想的路上，坚持到底，绝不半途而废！

想好了就做，别让梦想终究“梦一场”

有人说，他很想去旅行，先去西藏，然后再去五彩云南，完成一场最完美、最浪漫的旅行；也有人说，他最大的梦想是周游世界，走遍全球。或许，在很多人的眼里，他人的某一个梦想只是白日做梦。可是，如果他曾拥有过梦想，就会理解一个人的梦想有多么珍贵。

人总会怀有这样那样的梦想，但梦想从来不是白日梦。白日梦是空想，而梦想经过努力与奋斗，大多可以变为现实。

田吉是一个美国的小男孩，在小时候，由于家境困难，他从小营养不良，得了软骨症。六岁时，他的双腿却已变成“弓”字形，但他依然有一个梦想——有一天，他要成为美式橄榄球的全能队员。了解他身体情况的人，都觉得他的这个梦想简直是天方夜谭。小田吉却为了自己的梦想一直在努力。

他曾经千方百计地去观看橄榄球高手布朗的比赛，想通过这种方式向高手们学习。没有钱买票，他就在全场比赛快结束时，从工作人员打开的大门溜进去，观看为时不多的几分钟比赛。

多年后，小田吉终于成了一名十分优秀的美式橄榄球的高手，并打破了布朗曾经创下的纪录。

我们梦想着明天，梦想着下一刻，梦想着未来。因为有了梦想，我们枯燥的生命旅程，才变得五彩斑斓，我们所生活的世界，才会异彩纷呈，我们才能超越自己，人类才有美好的未来。

多年前，一个圣诞节的早晨，有两个孩子的爸爸送给孩子们一份算得上是世界上最好的礼物——飞螺旋，一种能在空中高高地飞翔的飞螺旋。“鸟才能飞呢，它怎么也会飞！”其中的一个孩子维尔伯百思不得其解。之后，爸爸进行了表演，只见他先把上面的橡皮筋扭好，手一松开，飞螺旋就“呜呜”地向空中飞去。除了燕子和蝴蝶等一些能飞的动物，原来人类可以制作能飞翔的东西！此后，在他们的幼小心灵中，就自然而然地萌发了一个梦想：将来一定要制造出一种能飞上蓝天的东西。这个梦想一直激励着他们。

这两个孩子就是莱特兄弟。有了梦想的莱特兄弟，研制出了能在空中飞行的飞机，并最终在1903年12月17日上午驾驶飞机，试飞成功，将自己的梦想变成了现实。

梦想的大小决定你人生的格局，在追逐梦想的道路上，你将会变得无所畏惧，并且变得更加自信与勇敢。要相信，总有一天，你的梦想会生出强有力的翅膀，带你翱翔到更高的天空中去。

心语日记

行动就像一个奇妙的分水岭，它将有志者和空想者分隔两地。勤奋和勇敢的人总是迎难而上，而懒惰和懦弱的人总是畏缩不前，于是他们有了两种截然不同的人生——辉煌的人生和失意的人生。再高明的智者也无法预料将来会遇到什么情况，只有在摸爬滚打中不断总结经验教训、开拓创新，才能迈进成功的殿堂。

绷紧梦想的弓弦，绝对不能有半点松懈

罗曼·罗兰说：“生命是一张弓，那弓弦是梦想。”如果生命是一张弓，梦想是弓弦，那么，箭手在哪里呢？箭手，其实就是在跑道中奔跑的比赛者，是那些想争第一名，并为实现这个梦想而拼命向前跑的人。他们为了自己的梦想，将奋斗的弓弦绷得紧紧的。

在凌晨四点时，很多人或许还在梦乡中，可哈佛大学的图书馆中却是灯火通明、座无虚席。在哈佛，每个人都将学习的弓弦绷得紧紧的。哈佛的本科生，每学期至少要选修四门课，一年是八门课，四年之内修满32门课并通过考试才可以毕业。

哈佛学生的学习压力巨大，因为哈佛这所学校实行的是淘汰机制。每年，哈佛平均有约20%的学生会因为考试不及格或者修不满学分休学或退学，而且淘汰的这20%的学生的考评并不是学期末才完成，而是每堂课都要记录发言成绩，平均占到总成绩的50%，这就要求学生均匀用力，不能有丝毫的懈怠与放松。为了能顺利通过考试，为了能在哈佛站稳脚跟，哈佛的学子们总是不分白天和黑夜地学习。

正因为哈佛的学子们能奋发图强，不断地绷紧生命的弓弦，很多人才

能谱写华美的梦想诗篇，哈佛才能成为英才辈出之地，才能成为培养精英的摇篮。

人生只是短暂的一瞬，有梦想的人生是美丽的，能实现梦想的人是幸福的，在有限的生命中，每一个有梦想的人都应该将梦想的弓弦紧绷，千万不能放松。

美国政治家兼物理学家富兰克林是一个举世闻名的大人物，据说，富兰克林将自己每一天的生活作息都制成一个时间表格，其中包括自己什么时候开始工作，什么时候开始休息，什么时候能够娱乐等，都极尽详细地安排妥当。

以下就是富兰克林在某个时期一天的作息时间表。

早晨时间安排：5时～8时。起床、洗漱、祷告、规划白天的事务、读书和进修以及享用早餐。这么一段时间内，他还会思索自己这一天要去做什么有意义的事情。

上午时间安排：8时～12时。开始工作，切实执行之前制订的工作计划。

中午时间安排：12时～14时。读书或查视账目，享用午餐。

下午时间安排：14时～18时。工作，把没有做好的工作快速完成，把已经做好的工作仔细检查一番，将错误或遗漏的地方加以补充修订。

晚上时间安排：18时～22时。整理自己的书房杂物，将用过的东西放回原来的地方。享用晚餐、听音乐、娱乐或聊天。反省自身。这个时间段，他还会思考自己这一天究竟做了哪些有意义的事情。

夜间时间安排：22时～凌晨5时。睡觉，全心全意地进入睡眠状态。

在生活中，很多人都会时不时地感觉日子很无聊，其实，只要他们将生活与工作合理安排，将自己的日程安排得满满的，每天给自己一个时间表，他们就会感觉生活很充实，而且生活的弓弦也绷得紧紧的，做事情的效率也比较高。

很多时候，年轻的我们，总以为实现梦想很容易，不用紧紧绷住弓弦，而要尽情地享受、放松，但梦想容不得我们放松，丝毫的懈怠都可能导致前功尽弃。

对于有梦想的人来说，最开心的事，莫过于梦想快要实现的时候。可总有人在梦想即将实现的那一刻功亏一篑。所以，心有梦想的人，即使是在快要实现梦想的时候，也要绷紧弓弦。不要以为梦想近在眼前，唾手可得，就可以放松自我了。越是在最后的时候，越应该绷紧弓弦，绝对不能有丝毫松懈。

心语日记

梦想无小事。要实现梦想就要时时绷紧弓弦，就要在关键时候不放松警惕，在目标唾手可得时，也要绷紧弓弦，那么，我们就能成为在蓝天中飞翔的雄鹰，就会在梦想的天空，不断撑开美丽的翅膀，会越飞越高，越飞越远。

第四章

道路的尽头，永远留给一直坚持的人

人生坚持与否，源于自己心中的追求；放弃与否，在于自己心中的理想。有憧憬，即使困难重重，也会坚持不懈。没向往，就算风平浪静，也不会善始善终。前方的路还很远，而走到尽头的永远是一直坚持的人。

你都没坚持，还谈什么未来

我们在生活中遇到的最大的难事，不是挫折与磨难，而是坚持。成功的人，都有坚持到底的勇气与魄力。如果你选择坚持，那么，你也会赢得一个光明的未来。

在一次课堂上，苏格拉底对自己的学生们说道："今天，我只教导同学们一样东西，就是请同学们首先把自己的胳膊尽全力往前抬，之后再尽可能地往后甩。"他亲身示范后的结果是所有学生哄堂大笑。

"老师，这么简单的动作还用得着专门学习吗？"一个学生不屑地说道。

没想到苏格拉底非常严肃地说道："当然，你千万不要小看这件看起来简单的事情，实际上它做起来是相当困难的。"这句话刚说完又引起学生们的一阵笑声。

可是，苏格拉底却很淡定地宣布说："这第一节课我就教导同学们好好学习这个动作。学会之后，我希望你们从今天开始，每一天都必须做够100遍。"

一个星期之后，苏格拉底问道：“每天坚持做那个动作100遍的同学请举手。”教室里举手的人大约占到80%。

两个星期之后，苏格拉底再次询问：“现在每天都在坚持做那个动作100遍的同学请举手。”这时候，举手的同学大约为50%。

两个月之后，苏格拉底又一次问道：“直到今天，我想知道还有多少同学坚持每天做100遍那个动作？”这一次，全班举手的人只剩下一位学生，而他就是柏拉图。

“骐骥一跃，不能十步；驽马十驾，功在不舍”，无论治学、办事，一定要有锲而不舍的精神，不能半途而废。下面这个故事同样说明了这样一个道理。

当李波接到微软公司的面试通知的那一刻，就好像一缕阳光照亮了他焦急的心。在面试那天，李波精心地梳洗打扮了一番，穿上了崭新的衣装。上午10时整，李波走进了微软公司人力资源部。等秘书小姐向经理通报后，李波稳住自己的心神，提着自己的包走到了经理办公室门前，敲了敲门。

“是李波先生吗？”屋里传来了询问的声音。李波深吸一口气，推开门：“你好，经理，我是李波。”“抱歉，李波先生，你能再敲一次门吗？”端坐在转椅上的经理表情冷淡地注视着李波。

经理的话让李波有些疑惑，但是他没有多想，走了出去，关上门，重新敲了两下，然后推门进去。“不行，李波先生，你这次没有第一次做得好，你能再来一次吗？”经理示意他重新来过。李波重新敲门，又一次踏进了办公室：“先生，这次可以了吗？”经理说：“这样说话不好。”李波又一次走出去，重新敲门，然后走进来：“我是李波，很高兴见到你，经理先生。”“请别这样，还得再来一次。”经理淡然地说。李波又做出了一次尝试：“抱歉，打扰你工作了。”“这回差不多了，如果你能再来一次会更好，你可以再试一下吗？”当李波第10次退出来的时候，他开始有点恼火了，对方分明就是在戏弄他。李波生气地转身就要离开，可是刚走几步又停了下来。“不行，就算公司不打算录用我，我也要听到他们当面对我说。”于是，李波第11次敲响了门。这次，他得到的不是难堪，而是热烈欢迎的掌声。

原来，微软公司打算招一名市场调查员。而一名优秀的市场调查员，不仅需要具备学识素质，更要具备耐心和毅力。这次考核，就是要考察应聘人员的心理素质。

俗话说“行百里者半九十”，在日常生活中，绝大多数的人在刚开始追求梦想的时候往往充满干劲，这就如同400米的比赛一样，大部分人在刚开始跑步的时候，都会竭尽全力，可是，越到后面，速度就变得越慢，甚至有些人快要冲刺终点之时竟然选择了放弃。因此，梦想也好，目标也罢，每当在最后关头，许多人就差“临门一脚”便能成功的时候，因为身体疲惫或精神压力而放弃了。实际上，如果我们再坚持一下，成功的大门就会向我们打开。

心语日记

只有那些面对艰难险阻，勇于挑战并坚持到底的人，才能品尝到成功的喜悦。有人说：“你还没坚持，还谈什么未来！”因此，只有坚持，才能创造更加美好的未来。

再大的梦想，也抵不住你傻瓜似的坚持

“坚持”这两个字，不仅仅只代表着一种力量，更是一种精神和希望。

有一位退休教师在偶然间整理自己旧物的时候，找到了一沓自己在几十年前批阅的一些学生的作文本，每一个作业本上的标题都是《未来的我是……》。

老教师怀念地翻开学生们写的作文，瞬间就被里面千奇百怪的梦想打动了。有以天文学家作为自己未来梦想的学生；有以军中将军作为自己未来梦想的学生；还有以富商陶朱公作为自己未来梦想的学生……从中足以看出，尽管孩子们的想法离奇并幼稚，但是，他们都曾认认真真地思考自己的未来，并将未来的自己一笔一画地写下来。

蓦地，老教师突然很想知道这些学生究竟有没有实现自己儿时的梦想。他于是想道：我要把这些学生的梦想一一还给他们，看看这些学生是否当真实现了几十年前的梦想。于是，老教师通过自己在报社供职的儿子刊登了一则启事。

很快的，这些学生通过打电话、发邮件等方式联系上这位老教师，都表达自己想要那个作文本的愿望。而这位老教师在把作文本一一交还给他

们的时候，也获知了自己的学生们现在的身份。他从收到的信息中得知，当年梦想做一名舞蹈家的学生，竟然过着全职妈妈的生活；当年梦想当科学家的学生，却做了朝九晚五的上班族；当年梦想当天文学家的学生，却当上了老师……

又过了很长一段时间，有一位学生给这位老教师写了一封信，信中讲述道：“敬爱的老师，当年我的梦想是成为富商陶朱公那样的人，我没有辜负自己的梦想，我做到了。我并没有要回当年那个作文本的渴望，因为它对我而言毫无意义。我之所以给您写这么一封信，只是为了感激您完好地保存了我的梦想。事实上，当我认真地写下那个梦想开始，我就在心里暗暗发誓，将来的我就是那样的人。几十年的时光转眼即逝，我在积满财富的同时，也如同陶朱公那样为了帮助更多的人而散尽家财。如今，我只是想要告诉更多的年轻人，只要愿意坚持，儿时的梦想总会有实现的一天。”

看到这封信，老教师由衷地笑了。

有了自己的梦想，就别轻易放弃。把梦想拿起又放下，再拿起再放下，久了，也许梦想就会背叛你。失败了一次，还有第二次、第三次的机会，总有一次会成功。若梦想丢失了，那才是真的没有办法了。再大的梦想，只要坚持，也可能有实现的那一天。

心语日记

在我们的现实生活中，通往理想的路不可能是一帆风顺的，要想取得胜利，就要脚踏实地、持之以恒地奋斗下去。不管风云如何变幻，我们都要坚定不移地走自己的路，向梦想出发。

心中不服输，就有赢到最后的希望

成功人士都有这样一个特征：在成功之前，往往都遭遇过非常大的挫折，在外人看来，事情本应该放弃了，但他们却在坚持，最后他们成功了。所以，人生的光荣不在于永不失败，而在于能够屡败屡战。也就是说，成功的人不是从未失败过，而是在失败之后，甚至是多次失败之后还能够积极地往成功之路上不断迈进。他们会跌倒了再爬起来，有一种不服输的精神，所以他们成功了。

1998年，在美国纽约举办的第四届友好运动会上，曾经获得全国跳马冠军的中国体操队队员桑兰带着全国人民的希望，更是满怀梦想地去参赛。可是，没想到在一次跳马练习中不幸造成颈椎骨折，面对高位截瘫的悲惨命运，当时桑兰只有17岁。

桑兰出生于浙江宁波，1993年被选入国家队，她性格温柔，只是谁也没有想到，当她遭遇命运的强烈打击时，她却表现出超乎寻常的意志力。治疗她的主治医生曾经感慨地说："桑兰这个小姑娘受伤后，表现得极为坚强，她没有抱怨过一句话，我都被她的坚毅与非凡的勇气打动了。"

桑兰靠着自己坚定的信念以及顽强的求生意念赢得了人们的敬重，她不愧为人们学习的好榜样！

其实，在我们人生中的大多数时候，都不可避免地会遇到一些挫折与磨难，如果我们想要生活变得更加美好，就需要努力摆平挫折或磨难，重新创造生命的辉煌。

在2016年里约奥运场上，有一个令人敬佩的跳马选手——41岁的丘索维金娜又登场了。丘索维金娜被人称为“丘妈”。为了治好儿子的病，无论面对怎样的挫折与困难，她对自己的体操之路都坚定不移。

丘索维金娜是乌兹别克斯坦人，21岁的她参加完1996年亚特兰大奥运会后，便退役了，嫁给了一名优秀的摔跤运动员，有了一个可爱的儿子。然而，这样幸福平静的生活没过多久，就传来了一个十分不幸的消息：3岁的儿子患上了白血病。为了高昂的治疗费，丘索维金娜选择重回赛场。她训练十分刻苦，不放过每一次比赛的机会，甚至会在一场巡回赛中参加所有的女子比赛项目，她说：“一枚世锦赛金牌等于3000欧元的奖金，为了儿子，我只能这样做。”

为了让儿子得到更好的治疗，丘索维金娜把儿子送到了德国，并加入了德国国籍，为德国征战。在一次国际比赛中，丘索维金娜摔裂了跟腱。大家都认为，33岁的丘索维金娜要退役了。但在2011年的国际比赛场上，她再次出现在观众眼里，并获得跳马银牌。

对于她的再次出现，她解释说：“只要我的儿子还未痊愈，我不敢老去。我要为儿子坚持下去。”她的话让所有人为之动容。

上天总是眷顾人的，孩子的病渐渐好转了。之后，丘索维金娜重回自己的国家，继续她热爱的体操事业。在2016年里约奥运会体操比赛女子跳马决赛中，丘索维金娜以14.833分的成绩获得第七名。她接受采访时说：“我没有任何遗憾，不管怎样的成绩我都接受，我依然要坚持下去，东京奥运会再见！”

“丘妈”的经历是挫折的，但她的精神是可贵的，取得的成绩是辉煌的。在我们的一生中常会遇到很多或大或小的挫折，这一点谁都无法避免。在挫折面前，成功者一定不会被吓倒，他们敢于直面挫折，把它当作是成功对自己的考验，并坚强地继续走下去。

心语日记

只要你有一颗永不服输的心，有一种愈挫愈勇的意志，内心就会升腾起一股勇往直前的勇气，生命也将闪耀着无边无际的绚烂光芒。

别退缩，再难也要咬牙挺一挺

拿破仑曾说：“达到目标有两种途径——势力跟毅力。势力属于少数含着金钥匙出生的人，而毅力则属于所有坚忍不拔的人。”当我们在追求梦想的道路上感到疲惫不堪的时候，不妨告诉自己：成功正在前方朝我招手，再努力一下，也许就能到达成功的彼岸。当我们多一分毅力，多一点坚持，也许我们就多一点成功的机会。

可以说，一个人可以出身不好，可以不富有，但是，这个人如果拥有坚忍不拔的毅力，仍然能够让自己挤进成功者的行列，因为坚强的意志本身就是一把开启成功大门的金钥匙！

在国际马拉松界，有一个响当当的名字——罗塞尼奥。有一次，罗塞尼奥在接受记者采访时，被问到“马拉松是一项考验耐心的运动，是什么力量支持你坚持到最后的”这个问题时，他用一个故事给出了精彩的回答。

在罗塞尼奥读中学的时候，有一次学校举办十公里越野赛。比赛一开始，罗塞尼奥跑得非常轻松。可是过了一段时间后，他开始感觉有些体力不支，越来越跑不动。这个时候，罗塞尼奥特别想停下来休息一会儿，喝口水然后再跑。

凑巧的是，正在这个时候，一辆学校的巴士开了过来，这辆校车专门负责接送那些跑不动的学生。

看到这辆车，罗塞尼奥的心动摇了，他很想跳到车上。可是他控制住了，看了看脚底下正在被自己一步步丈量的路，他忍住了。接下来，他又继续跑了好一段时间，此时罗塞尼奥感到汗水已经流进了眼睛里，心脏剧烈跳动，两条腿就像灌了铅一样。这时候，他比之前更想停下来。而此时，第二辆小车开了过来。尽管罗塞尼奥非常非常想上车，但还是努力克制住自己的欲望，没有上车，继续跑步。

跑了一段距离后，罗塞尼奥感到两眼直冒金星，两条腿早已不听使唤，仿佛不是自己身体的一部分了。而此时出现在罗塞尼奥面前的正好是一个小山坡，这个小山坡对他来讲简直就是珠穆朗玛峰。罗塞尼奥彻底绝望了。所以，当再次看到校车到来的时候，罗塞尼奥毫不犹豫地跨了上去。

然而，接下来发生的事，让他一辈子都不会忘记。因为校车刚刚开过小山坡，转了个弯就到达了终点。

在看到终点线的那一刻，罗塞尼奥别提有多后悔了。他想，如果自己再有毅力一点，再坚持哪怕一分钟，来个终点冲刺，就能凭着自己的力量，越过山坡，到达终点。

正是因为这次经历，让罗塞尼奥在以后的比赛中，每当感觉到体力不支想放弃的时候，他都会给自己加油："兄弟，要挺住，要有毅力，前面也许就是终点了。"

带着这股坚忍不拔的毅力，罗塞尼奥一直跑到了世界冠军的领奖台上。

与罗塞尼奥类似的，还有一个女登山者的故事。

据说，在美国华盛顿山上有一个石碑，上面的内容告诉人们，这里曾经是一个女登山者死去的地方。而这位女登山者苦苦寻觅的“登山者小屋”，就在距离她不到100米的地方，如果她多走100米，就能活下去，然而她却放弃了。

类似的故事总让我们感到深深的遗憾，可是我们自己又何尝不是如此，在一次次放弃中遗憾，在一次次遗憾中依然无法坚持到最后！而那些最终走向成功的人呢？他们通常不会选择放弃，而是有着顽强的坚持的毅力，让自己战胜困难。可以说，成功并不是遥不可及的事情，如果我们想要达到预定的那个目标，实现我们的理想，那我们就应在日常生活中有意识地培养自己坚忍不拔的毅力。

心语日记

请相信自己，我们的潜力是无穷的，只要有坚持到最后的恒心和毅力，就会发生奇迹，那些潜藏在我们体内的潜能就会被唤醒，引领我们走出当下的困境，并走向成功。

坚守最好的自己，剩下的就交给时间

著名诗人汪国真曾在自己的诗作《热爱生命》中写道：“我不去想是否能够成功，既然选择了远方，便只顾风雨兼程。”所以，当我们选定一个方向时，就不要遇到一点挫折就轻易退缩，乃至于否定自己，我们要做的，只有坚守最好的自己，而剩下的就交给时间吧！

从某工厂退休后的王仁德经营着一家床上用品店，主要以贩卖蚊帐为主。有一次，他贪图低价，一下子从南昌进了2000顶蚊帐。正所谓“便宜没好货，好货不便宜”，这批蚊帐由于洞眼大，不能遮挡蚊子，引得顾客纷纷退货，这一次，王仁德亏损了一万多元人民币。

他只好找到生产厂商要求退货赔偿，却发现生产厂家已经倒闭，仓库里积压着三百多万顶蚊帐。厂家拿不出钱赔偿，只能再给王仁德2500顶蚊帐。王仁德无奈地收下了。面对这些毫无防蚊作用的蚊帐，本该一筹莫展的他，却在不久之后花钱将那三百多万顶蚊帐全部买了下来。

这是为什么呢？原来，向来关心国际大事的王仁德听闻非洲出现了许许多多的伊蚊，这种个头很大的蚊子有着长长的嘴巴，因为吸血量很大，因而造成非常高的染病概率。这正合适“大眼蚊帐”啊，这批蚊帐正好可以卖到那里去。

67岁的王仁德立马动身，带着30顶蚊帐去了非洲的苏丹，马不停蹄地去考察市场。却发现，当地根本不卖蚊帐，当地人也根本不知蚊帐为何物。

按理说，没有市场，那就回国吧，可王仁德偏不，他认为，正因为那里的人们不知道蚊帐为何物，所以市场才会不可限量。他首先选择去往达尔富尔地区，当时那里正在发生频繁的战争，每天都有许许多多的人在战争中死亡，然而，据说死于伊蚊传播疾病的士兵与百姓就高达9万余人。可是，由于达尔富尔地区的百姓家庭普遍贫困交加，即便每顶帐篷只卖10元钱，那些人也无钱购买。

王仁德没有气馁，老百姓买不起，可以卖给联合国，然后再援助给当地人民。抱着这样的想法，他就跑去求见负责援助事务的副市长贾巴津。然而贾巴津的话，再次把他的一腔热血浇灭了，他说："达尔富尔地区非常闭塞，人们不一定会接受这样先进的产品，如果他们不感兴趣，我们采购您的蚊帐又有什么意义呢？"

王仁德执拗地认为，蚊帐对当地人民的作用是无比巨大的，可是如何让从未见过蚊帐的老百姓接受呢？他带着蚊帐来到一个小村寨做宣传，可无论他怎么宣传蚊帐可以防蚊，可以防止传播疾病，可以避免死亡，当地人就是接受不了他的"大眼蚊帐"，他们认为钻进蚊帐就像是被关进大牢，会带来厄运的。

执拗的王仁德不信邪，亲自钻进蚊帐，用实际行动向当地人民明确地传递一个信息，那就是睡在蚊帐里不仅不会带来厄运，还能享受没有蚊子骚扰而带来的安宁。当地老百姓终于接受了王仁德，感受到了蚊帐带来的好处。

王仁德决定免费发放2万顶蚊帐，让当地人民彻底接受蚊帐。随后当地政府在可支配的联合国援助资金额度内，以平均8美元的价格，先后购进王仁德的20万顶蚊帐。再后来，联合国采购了王仁德的290万顶蚊帐，用于援助非洲。

王仁德这位古稀老人，正是凭借着自己的坚持与执着，才实现了财富梦，成为亿万富翁。其实，做任何事情，只要你能够坚持，成功就在不远方。

心语日记

在我们的人生中，有些看似难以跨越的鸿沟，其实只需要向前迈动一小步，我们就能获得成功。没有必要羡慕他人的成功，因为只要自己坚持努力，一段时间后，成功的帆船自然会扬帆起航。

第五章

方法不正确，努力也不会成功

随着社会的不断发展，竞争越来越激烈，在各大城市中，有无数的年轻人为了梦想而努力奋斗着，尽管有的人看起来非常努力，但很多时候这种努力不过是“瞎忙”罢了，所以，努力一定要讲方法，方法不对，努力白费！

你只是看起来很“努力”而已

李尚龙的《你只是看起来很努力》一书点醒了很多人。仔细想想，很多时候，我们真的只是看起来很努力。例如，很多学生在老师眼里是优秀的好学生，可往往考试成绩却不尽如人意。别说这是命运巧合，实际上，任何“果”都是有“因”的，即使表面看不出原因，但它一定存在。在老师眼中的好学生可能是上课认真听讲、做笔记、积极和老师互动等，但老师看到的认真可能只是表象，是否真的学进去了，只有本人知道。

李尚龙在书中讲到这样一个故事：

有一天，他上课时与同学互动，有一个女同学沮丧地问他：“老师，我参加了四次英语四级考试，可是都失败了，这是什么原因呢？”

于是，李尚龙就问她有没有坚持做真题与背单词，接着，女同学就拿出自己已经翻破的真题说道：“老师曾讲过的所有真题，我连答案都背过了，单词也是翻来覆去地背诵，可是，尽管我这么努力，还是考不过。”

李尚龙心里明白，对于大学生来说，四级英语考试并不算太难，每年学校的通过率也高达80%多。因此，他看着这位女同学满满的英语笔记也是百思不得其解，他想不明白这么努力的女同学为什么考不过简单的英语四级。因此，当这个女孩第二天又带来一本很厚的笔记问他时，他无奈地说道："既然你这么努力，我相信你下一次肯定会考过的。"最让李尚龙感到奇怪的是，自从那天之后，那个女同学就再也没有上过自己的课。后来，李尚龙终于从其他同学的口中得知女孩考试失败的原因。

原来，那个女同学不仅是学生会主席，还是几个学生社团的负责人，她有许许多多的朋友，平时也总是忙忙碌碌地参加各种活动，根本没有多少时间真正花在学习上面。然而，要想提高英语成绩，就需要一个人安静地学习，只有静下来，才能学好英语。这个女同学只不过做了几遍真题，草率地对过答案后，就接着忙别的事情，所以，她只是看起来很努力，却没有花时间整理自己记住的知识。

另外，这个女同学报了英语班后，却很少出现在英语课堂上，她找老师探讨过如何学好英语，却根本没有真正实施过，她以为自己足够努力，却不过是表象罢了，所以，四级英语考试没过也是再正常不过的事情。

通过这个故事，我们反思自己，是不是也和女孩一样，在进行着一些自欺欺人的"努力"呢？如果答案是肯定的，那么你可能会和女孩一样收获悲哀，因为你并没有真正的努力，所有的付出只不过是表面功夫。

现实生活中，总有那么一些人学习成绩非常优秀，但平时看起来并不怎么认真，很多人把他们定义为天才、聪明。实际上，多数时候并不是这样的，他们只是在学习的时候，摒弃了诱惑和杂念，一心一意地学习，效率更高，所以别人看到他们努力的时候并不多。

俄国作家弗谢沃洛德·米哈伊洛维奇·迦尔洵说过：“人世间最恶劣的谎言是自己欺骗自己。”可见，一个人如果不能正确地认识自己，正确地看待自己，长期下去只会毁掉自己。如果今天的你还不够成功，甚至比较失败，首先不要抱怨，不要消极地概括为命运，你应当诚实地看待自己，那些所谓的努力时光，是否只不过是看起来比较努力。

心语日记

自己的人生要靠自己活，假装给别人看，改变不了成功和失败的本质。所以，从今天起，不活在别人的眼睛里，专注地活在自己的世界中，踏踏实实地做好每件事，成就自己。

内心没有方向，去哪儿都是在流浪

逃离“北上广”似乎正在成为流行词。多年来，人们先是嚷着要离开，然后是越来越多的人在郊区买房，接着是有些人开始晒自己在丽江、大理、威海的定居照片，最后，又有人受不了小城市的平淡，默默地回来。离开一线城市我们有很多去处，二三线城市、老家等，有钱人还可以去国外。但是，如果你不知道你在寻找什么，内心没有目标与方向，其实去哪儿都是在流浪！

人生可以迷茫，但那不过是给未找到人生方向的自己宽慰罢了。遇到问题，人们归根结底寻求的还是一个解决之道。所以，如何找到方向，如何构建自己的人生，点亮人生的底色，让人生不再徒耗光阴，让自己对这个世界更有价值与意义，这才是我们应该思考的方向。

中国著名翻译家杨绛先生曾翻译过一首诗，这首诗的内容是：“我和谁都不争，和谁争都不屑。我热爱大自然，其次是艺术。我烤着生命之火取暖。火萎了，我也准备走了。”这首诗短小精悍，蕴含着丰富的人生哲理。杨绛先生生性宽厚、豁达，她饱经风霜，对世事极为洞察，总是能够透视生命的本来面目。

杨绛先生曾经说过：“父亲说，没什么该不该，最喜欢什么，就学什么。我却不放心。只问自己的喜爱，对吗？我喜欢文学，就学文学？爱读小说，就学小说？父亲说，喜欢的就是性之所近，就是自己最相宜的。”她也的确按照父亲对自己的谆谆教诲，一生都在做自己喜欢的事情。最后，她将自己的一生都奉献给了自己喜爱的事业。

有人说：“人最大的幸运，莫过于做自己喜欢的事。”杨绛先生喜欢读书写作，她的一生也是致力于读书写作，所以，杨绛先生无疑是幸运的。恰恰是因为杨绛先生对文学的热爱与沉醉，她才能在文化的殿堂里占据一席之地，并在临终之前留下自己的等身著作。

与杨绛先生一样，我国著名哲学家兼逻辑学家金岳霖先生同样是一个幸运的人，因为他的一生都在做着自己喜欢做的事情。

金岳霖先生喜欢中国古典诗词，于是他将古代的许多著名诗词都有意识地记在脑海里；他还对古文字画的鉴赏表现出莫大的兴趣，他对山水画的布局及意境的理解很少有人能够超越；他热衷于作对联，经常把朋友的名字嵌入对联中，令人禁不住拍案叫绝；他还喜欢聆听京剧演唱，他为此收藏了众多名角的唱片，有时候，他还能跟着唱片轻声哼唱起来；他酷爱健身运动，特别喜欢打网球，他在一次留学生网球比赛中还获得第二名的好成绩；他喜欢到处品尝美食，因此他对中国菜与英国、法国等外国菜的特点做出过一些研究；他喜欢斗蛐蛐，还专门参加了几场斗蛐蛐比赛，在金岳霖先生看来，斗蛐蛐不仅仅是一项娱乐活动，更是与技术、艺术以及科学息息相关的。

正所谓“兴趣爱好多的人，一定是个积极乐观的人”。当一个人正在从事着自己钟爱的工作时，这个人一定会感到快乐；当他开心地投身到工作中去的时候，自然就能激发出自己的潜能，创造出更多的价值。因此，倘若你还在浑浑噩噩地生活，害怕面对未来的人生，那么，最好从现在开始去寻找自己的兴趣爱好。一个人，只有从事自己喜欢的职业，才会感到开心愉悦，也才能活出自己的价值。

在生活中，绝大多数人在面临人生抉择时会犹豫不决，一时间无法做出选择。其实，选择进修什么专业以及从事怎样的工作，这不仅仅会影响到你日后的经济状况，还会影响到你的情绪是否快乐。对于这个影响人一生的重大选择，中国著名教育家易中天先生给出的建议是："第一考虑兴趣，第二考虑自己的优势，第三考虑创造性，第四考虑将来是否挣钱。"易中天先生之所以把兴趣放在第一位，是因为一个人只有从事自己感兴趣的事业，才能收获更多的快乐。反之，如果你从事的事业让你提不起任何兴趣，那么你只会感到无聊，乃至于厌烦，长此以往，你就会失去生活的乐趣，直至失去奋斗的勇气。

曾经在《译林》杂志上读到一句话："一个为鼻子长得太塌而烦恼的人，当他知道自己得了肝癌后，就不会再为鼻子太塌而烦恼。当他死亡的那一刹那，那更是什么烦恼都没有了。死亡是最大的烦恼，但也是最后的解脱，'你还没死'，何必为一些小事烦恼？"

心语日记

迷茫，只是人生中的小矫情，当你发现自己有很多事情需要去做的时候，哪里有时间来迷茫呢？所以，找到自己喜欢的方式，努力去做吧，不要被空洞的迷茫夺走太多时光。

如果你走错了方向，停止就是进步

我们常说，做人做事应该持之以恒，只有长久地坚持做一件事才能有所成就。但这句话的前提是，你所做的这件事是对的，是值得坚持的。否则，你会错得南辕北辙，更加离谱。

很多时候，我们在前行之路上都在和别人比较。我们没有认真去考虑什么才是真正适合自己的，而更多考虑的是怎样比别人更强大。比如看到别人做一件事做得非常成功的时候，我们心生艳羡，就跃跃欲试，欲与对方试比高。可这件事是否真的值得我们去做呢？是否是我们真心愿意去做并且能充分发挥优势的事呢？美国作家威廉·福克纳说："不要竭尽全力去和你的同僚竞争。你应该在乎的是，你要比现在的你强。"所以，不必事事争强好胜，非要做出比同僚更好的成绩来。你只需记得，要专心去做自己认为对并且有优势的事，在走错道路时也要懂得及时转弯。

创新工场董事长李开复刚进入大学时，想从事法律或政治方面的工作。可是一年多后，他发现自己对这两方面的兴趣并不大，学习成绩也只在中游。但他爱上了计算机，每天激情满满地编程，很快就引起了老师们的注意。终于在大二时，他做了一个重大的决定：放弃在全美前三名的哥伦比亚大学法律系已经修满的学分，转入哥伦比亚大学毫无名气的计算机系。这个决定，对他此后的事业发展有着关键性的意义，使得他此后能在苹果、SGI、微软和Google等多家IT公司担当要职。可以说，这个关键的决定几乎改变了他的一生。

回想起自己的这个决定，李开复说：“我告诉自己，人生只有一次，不应浪费在没有快乐、没有成就感的领域。当时也有朋友对我说，改变专业会付出很多代价，但我对他们说，做一份没有激情的工作将付出更大的代价。”

李开复还告诫青年人：“为了成为最好的自己，最重要的是发挥自己所有的潜力，追逐最感兴趣和最有激情的事情。当你对某个领域感兴趣时，你会在走路、上课或洗澡时都对它念念不忘，你在该领域就更容易取得成功。更进一步，如果你对该领域有激情，你就可能为它废寝忘食，连睡觉时想起一个主意都会跳起来。”

如果你在一条路上走的时候，发现这条路并不适合自己，那么不妨暂停下或者转个弯。别害怕这个停止会给你带来损失。你可能会说，这样去做的话，那么以前学的知识、做的事情不都没用了吗？不！你人生中的每一份经历都是宝贵的。但如果，你沿着错的道路坚持走下去，只会给你的人生带来更严重的损失。及时转弯，在自己感兴趣且有优势的道路上重获新生，才是你下的最正确的一步棋。

著名的励志演讲大师尼克·胡哲去一所学校演讲，演讲结束时，一个17岁男孩哭着向他抗议：“我再也不相信你的话了！你说的都是假的！你说一切都有可能，但是我的梦想永远都不会实现了。我的梦想是当一名飞行员，但我得了一种病，长得非常高，根本不可能去当飞行员了。”

听到这里，尼克对少年说：“你不能放弃梦想，但是可以改变方向，因为你不知道在人生的拐角处会遇到什么。”

一年后，当他再来到那所学校时，他又遇到了那个男孩。但这次那个男孩不再抱怨什么了，而是欣喜地告诉尼克：“自从上次跟你交流后，我就改变了自己的想法，虽然我不能做飞行员了，但我还有更好的梦想。我拿起了心爱的吉他，现在我有了自己的乐队，都快出专辑了。谢谢你，是你改变了我的一生！”

一个人最重要的是认清自己生命的价值。如果你坚持向某一个方向前进，却发现自己越来越累，且在工作中找不到任何激情和成就感，这只能证明你的方向可能选错了。此时，满身疲惫的你不妨抽身出来，重新审视这个世界，审视自己的理想，当你真正做到“旁观者清”时，你就能发现自身存在的问题。

不管你如何对抗命运，或者如何在一些领域左突右冲，你最后都会明白，最能带来快乐，也最能体现自我价值的都是那些适合自己的事情。人生的诀窍就是经营自己的长处。正如富兰克林所说：“宝贝放错了地方便是废物。”如果不想成为一个废物，就将自己的才华用在最适合自己的路径上。

马克·扎克伯格说：“当你回家吃饭时，盘子里是最难吃的蔬菜，如果你愿意，可以勉强自己吃下去。但如果你是玩游戏，即使非常难，只要自己喜欢，你也会努力通关。如果你喜欢自己做的事，事情会容易很多，而你也将拥有更大的决心。”是的，当我们做自己最喜欢做的事情时，我们才会明白，此刻脚下的这条路是多么适合自己，而我们也会发现，激情、灵感和快乐会源源不断地涌现出来，帮助自己完成梦想。

心语日记

坚持是美好的，但错误的坚持令人痛苦。当你发现自己坚持得很费力，努力得很疲倦，终究无法在某方面突破自己时，那可能是你的方向错了，及时转弯，你就能看到更广阔的天空。记住！人生如果走错了方向，停止就是在进步。

埋头拉车时，更要抬头看看路

在我们的日常生活中，也许我们并不知道什么才是正确的道理。但是，只要我们经常反省自身、总结经验教训，就可以让我们在错误的道路上及时刹车，重返正途。

从前，有一位探险家为了寻找古印加帝国文明遗迹，下定决心到南美丛林中去探险。这名探险家到了南美后，特意雇用了当地土著人担任向导及挑夫，就这样，他与一群土著人朝着丛林的深处出发了。虽然土著人背负着沉重的行李，可是他们有着非常好的脚力，往往走很久也不觉得累。在那一路上，除非探险家提出原地休息一会儿，土著人才会停下来等他。经过连续三天的长途跋涉后，探险家组建的考察队非常顺利地完成了原定计划。

然而，当这名探险家在第四天催促大家快点赶路时，没想到这群土著人却表示不能行动了，探险家对这个现象既气愤又不解。探险家经过询问才知道，自古以来，土著人就流传着这样一种习俗，那就是在赶路的时候，都必须竭尽所能地拼命往前冲，可是，每当行走三天的时候，就必须休息一天。当探险家忍不住询问这个习俗制定的缘由时，向导意味深长地说道："我们之所以选择每三天就休息一天，那是希望我们的灵魂，可以追得上我们竭尽全力在三天中赶路的疲倦躯体。"

这句话含义深刻，其实，在这个日新月异的时代，再加上竞争变得越来越激烈，我们的生活总是忙碌不休。可是，在忙碌的生活中，我们往往只顾着埋头拉车，却没有想到偶尔还要抬头看路，缺少思考、总结后再出发的这一重要环节。

古人云："前车之覆，后车之鉴。"在现实生活中，人们总是抱怨生活没有空闲，却不知道在忙碌的间隙进行总结与反省，能够让我们之后的忙碌更见成效。

露露是北京忙忙碌碌的上班族中的一员，和很多人一样，每天六点被闹钟叫醒，挤地铁上班，每晚七点还和同事一起齐刷刷地稳坐在位置上加班，很多时候是在公司吃完晚饭然后乘车回家。公司经历了一次人事大调整，露露努力提高业绩，勉强保住了自己的位置，但是生病了不敢请假，上班不敢迟到，每天打着百分百的精神去应付工作。虽然她赢得了上司的信任，但是她没有时间逛街，没有时间聚餐，晚上入睡很难，每天昏昏沉沉，面临崩溃的边缘。后来她专门去找心理医生，心理医生建议她休息一段时间。于是露露下定决心，找经理说明情况，决定来一次"说走就走的旅行"，没想到得到经理的支持。后来她修了一周的年假，一个人背着背包去了西藏，"逃离"让她夜夜失眠的工作。

一周之后，她从西藏归来，她的状态一下子好了很多，失眠的情况也有所缓解。做工作也很认真，以前总爱拖延的工作，现在她甚至把未来几天的工作都计划得很细，在每次工作例会上她都非常积极。没到半年，她就被经理提升为主管。

休息不是为了放弃，而是为了更好地工作。一张一弛，文武之道，只有保持积极的状态，你才能更好地投入工作。

微软公司创始人比尔·盖茨从很早以前就坚持每年进行两次为期一个星期的“闭关修炼”。在那一个星期的时间里，比尔·盖茨就会独自一人搬到位于太平洋西北岸的一幢临水别墅中居住，那段时间，他包括自己的家人在内谁也不见，关闭手机等通信工具，只跟一个负责他一日三餐的厨师有短暂接触。他通过“闭关”将自己完全封闭起来，让自己静下心来，认真思索一些对公司、技术极为重要的问题。比尔·盖茨的“闭关”与其说是一种精神上的休息方式，不如说是一种更加高效率的工作模式，他在闭关的时间内，总是能够思考出对自己公司更加有力的点子与工作计划。

心语日记

汽车需要保养，人也需要调整。不要只顾埋头拉车，而忘记了看看前方的路。你要知道，调整是为了更好地工作，如果你怕被超越不肯休息，终日抑郁焦虑，会影响身心健康，也照样影响工作。给自己休息的时间，换种心情，为心灵放个假，这样你才能拥有更好的状态，开始崭新的生活。

所有的成长都是因为走对了方向

著名美学家、教育家朱光潜说："正路并不一定是平坦大道，难免有些曲折和崎岖险阻，要绕一些弯，甚至难免误入歧途。"对人的一生来说，一帆风顺是幸运，而更大的可能是，你随时都得有迎接挑战和接受挫折的准备。人生不如意，十有八九。当整个世界都为你设限重重时，不要放弃，不要随便改变，只要心中方向清楚，那么总有一天会迎来光明的前途。

施瓦辛格的事迹在不少书里都提到过，今天我们从另外一个角度去剖析他。

我们知道，施瓦辛格从小崇拜美国健美明星里斯伯加，并受他的影响开始健身，他梦想着自己有朝一日能成为里斯伯加那样有气魄的人。但是，他的父母坚决反对他的想法和做法，因为在当时的澳大利亚，健身运动并不认为是帮助人们有所成就的途径。父母希望施瓦辛格能好好学习，考大学，然后做律师或当医生，事实上这也是一般人对子女的期望。

施瓦辛格不这样认为，他在亲朋好友的白眼下继续着自己的梦想，依然按照自己的想法追寻他那"健美先生"的理想。后来，施瓦辛格被征召入伍后，依然没有放弃自己的理想，他冒着军纪惩罚的危险，偷跑出军营，参加“少年欧洲先生”的选举，并获得了不错的名次。就这样，在兵役期间，他一举拿下四项健美先生的奖项。

最终，施瓦辛格这名熠熠发光的明日之星被里斯伯加发现了，他十分欣赏勤奋、有着坚强意志力并表现出色的施瓦辛格。在里斯伯加的盛情邀请下，施瓦辛格来到美国，并得到里斯伯加的真传。这真是天赐良机，在这之后，施瓦辛格心中的信念更强了。接着，他又得到美国健身界“教父”韦特的赏识，并在南加州受训。

小有成就后的施瓦辛格依然坚持信念，又创出了一套自己的健身方法。那时，南加州的训练方法太过懒散，很多人在健身时边说边笑，浪费时间。根据这种情况，施瓦辛格加强其健身方式，别人一周三次，他一周七次，每天上午练上半身，下午练下半身，每天都要训练六小时以上的时间，而且常年如此。

后来，施瓦辛格在《阿诺——一个健身家的成长》一书中写道：“想要肌肉增长，你必须要有坚强的毅力，常人无法想象的意志力，坚持忍耐痛苦，对自己不能可怜，稍痛即止；你必须跨越痛苦，甚至爱上痛苦，甘之如饴——人家做10下的动作，你要做20下，加倍磅数。”“千万不能有一点松懈，更加不能懒惰，想要成功，如果你没有顽强的毅力和坚持不懈的精神是不行的。”

在这样的精神劲头下，施瓦辛格终于脱颖而出，成为享誉世界的健身先生，并连续获得了一届国际先生、三届环球先生与连续六届奥林匹克先生的荣誉。

爱默生曾说：“当一个人清楚他目标的方向时，这个世界是会为他开路的。”施瓦辛格就是依靠他那坚强的毅力和坚持不懈的精神取得了巨大的成功。

有人这样评价施瓦辛格：“只要是他想拿到的奖项，他就会用别人无法置信的坚强的意志力去完成它。”这该是一种怎样的毅力！正因为他从小就有非常明确的奋斗目标，并随着时间的推移，目标越来越高，才取得斐然的成绩。

心语日记

只要你的人生方向清楚，并有足够的信念支撑自己朝着那个方向努力，不论遇到什么样的困难和挫折，都不会有丝毫的沮丧和失落，还能从挫折失败中总结经验的话，那就一定能够达到自己的目标。因为到了那时，几乎整个世界都会为你开路，你的脚下将是一片坦途。

沿着同一个方向，才能走到最远的地方

轮船行驶在大海上，重要的是要有坚定不移的方向。人生也是如此，在很多时刻，我们都会面临着各种各样的选择，无论是捷径还是弯路，只要能把握住自己前行的方向，我们就永远不会迷路。同样的道理，一个没有方向的人即使走得再远，也会迷路。

一个意志坚定的人，不但能够始终坚持自己的目标，并且不论遇到怎么样的挫折与困难，都不会让他感到沮丧，相反，他能够以积极的心态去解决所有的磨难。不但如此，他还能够从挫折中总结经验教训，坚持不懈地向着目标前进，直至达成预定的目标。

提起现代轮船，就不得不说起一个伟大而执着的发明家，那就是富尔顿。随着蒸汽机的大量运用，富尔顿萌发了制造现代轮船的梦想。为了实现自己的梦想，他绘制了大量关于船体、机器和桨轮的设计草图，并且按照草图制造了轮船模型。但这种前无古人的设计在经历很多次失败后，依然没能成功。执着的富尔顿并没有灰心，他始终坚信机器轮船代替传统帆船是一件必然的事情。九年之后，他在工人的帮助下，试制了一艘小型的轮船并取得了“不错的效果”。没想到的是，夜里天气突变，小轮船被狂风暴雨卷翻到了河底。看到这样的状况，有些人便开始嘲笑他，并尖刻地说富尔顿“愚蠢”。可是富尔顿并没因为这些而改变自己的目标，对此他只是一笑了之，他始终认真地进行研究和实验，探索着成功的途径。具有顽强意志力的富尔顿在经过不懈努力之后，以蒸汽机为动力的“克莱蒙特”号轮船最终被他创制出来了，并于1807年在美国试航成功。

富尔顿的成功，不仅在于他对目标的执着追求，更在于他的目标方向的正确性。假如富尔顿看不到轮船未来的发展趋势，那他最终也难以坚持下去。

有人说，成功就像走钢丝、过独木桥那样让人胆战心惊。诚然，要想获得成功，并不是每个人都能通过考验，如果只是看到了危险、辛苦，就只会给自己增添不必要的负担。而那些方向清楚的人则会看清楚自己的目标，一如既往地走下去。

心语日记

当周围的一切都变得黑暗的时候，你可以把目标看得更清楚。只要看准方向，目标就会在黑暗中闪烁着耀眼的光芒。如果一个人能够看清楚自己的方向，按照既定的目标坚持不懈地走下去，那么，他将会穿越荆棘，并且为了自己的目标一如既往地前行，直到成功。

和优秀的人在一起，向智者敬礼

有些专家认为，现代社会仅凭借智商高，是很难有一番大作为的。现代人很看重情商，人际关系显得特别重要。正如歌德所说："告诉我你的朋友是什么样的人，我就能告诉你你是什么样的人。"人与人的交往中，会产生潜移默化的影响，所谓"近朱者赤，近墨者黑"正是如此。跟优秀的人在一起，你也容易变得优秀，跟智者在一起，你就会变得睿智、高明。

卡耐基说，一个人成功需要三个步骤：为成功的人做事，同成功的人共事，用成功的人办事。先给成功的人当秘书，打下手，接下来跟他一起共事，最后用他为自己做事。无论我们是在优秀的手下做事，还是与他们共事，我们都要持着虚心学习的态度，学习他的做事风格、处事原则，以及思考方式等。

与智者同行，你会不同凡响；与高人为伍，你能登上巅峰。如果你有梦想，那么，就要远离心态消极的人，要多接触心态积极的朋友，那些能给自己正能量的朋友。

马克思和恩格斯既是好朋友，又是国际工人运动的领导人。由于受当局的迫害，马克思长期流亡在外，生活成了问题。每当马克思的生活困难时，恩格斯就会雪中送炭，将省吃俭用攒下来的钱寄给马克思。

一次，马克思家的生活又遇到了困难，就打算让大女儿和二女儿找个地方做工去算了，自己和燕妮、小女儿搬到贫民窟去住。

恩格斯听说此事后，连忙打电报劝说马克思别这么做，又迅速筹集了一笔钱，汇给了马克思，帮助马克思一家渡过了难关。

后来，恩格斯遇到了困难，马克思同样竭尽全力帮助他。

1848年11月，恩格斯逃亡到瑞士，因为走得太匆忙，就没带多少钱，马克思当时生病，当他知道了朋友的情况后，赶紧从病床上挣扎起来，到银行将自己仅有的钱取出，全部寄给了恩格斯。

能结识这样的朋友是特别幸运的。如果你还在梦想的路上打拼，他们可为你领路，愿意无私地引导你，帮你点亮你的梦想，或指引你走过泥泞的小路，走出梦想的迷雾。如果你有幸结识这样的朋友，可以多了解他们，向他们请教，在潜移默化中，你就会像他们一样积极向上，像他们一样看问题、思考问题，慢慢形成积极的思维方式，养成良好的行事习惯。

三国时，东吴的名将吕蒙只会舞刀弄枪，不知道文化知识的重要性，孙权就提醒他，要学习文化知识。经孙权的点拨，吕蒙如梦方醒。从此以后，吕蒙发奋读书，鲁肃见了他，连连称赞说："士别三日，当刮目相看。"

因为孙权的一席话，吕蒙改变了自己，成为三国时期文武双全、举足轻重的人物。如果你不想庸庸碌碌地过一辈子，就要与思想积极、做事积极主动的人多接触，与成功的人士做朋友。即使做不了朋友，也要设法多接触他们。或许，他们帮不了你什么，可他们的一言一行却能让你改变自己，成就自己的梦想。

在现实生活中，还有一种朋友，他们可能没有太多的物质财富，但在精神上，他是富有的，能在你伤心难过的时候无私地陪伴你、安慰你，给你走出困境的智慧，给你重新出发的正能量。这样的朋友也是弥足珍贵的。

或许，在这个世界上，你特别不喜欢一种朋友，他们性格直爽、有一说一，在你做错事情时，他们会直言批评，一点也不给你留面子。之所以如此，是因为他们不希望你在梦想的路上误入歧途，或走太多的弯路。这样的朋友肝胆相照，最值得珍惜。

心语日记

朋友是人生最大的财富，选择什么样的人当朋友，其实就是在选择一种什么样的生活方式。要想实现梦想，你就要选择与积极的人为伍，与成功的人做朋友。有他们一路相伴，你梦想的天空里将总是阳光明媚，即使偶有风雨交加的天气，你也不会犹豫不前，而是义无反顾地前行，并将风雨视为美妙的歌声。

敢于追求梦想，成就非凡人生

有人说："我追求的梦想一旦实现，就意味着我的幸福生活即将来临。"其实，当一个人决定排除千难万险朝着目标前行时，就已经获得了无以言表的幸福。要知道，敢于尝试着去追寻梦想，远远比那些心怀梦想却不敢行动的人强太多，在一定意义上来说，敢于追求，也是一种幸福。毕竟，人生最大的幸福就是追寻梦想的过程。

众所周知，霍金被誉为"当代的爱因斯坦"，他有着超乎寻常的智慧与才能。在轮椅上生活多年的霍金曾写下这样一段话："我的手指还能动，我的大脑还能思考，我有终生追求的理想，我有爱我和我爱着的亲人、朋友，我还有一颗感恩的心。"

其实，霍金并非是天生残疾，在他的青年时代，是被众人公认的牛津大学高才生，有着修长的身材与不凡的才智。但是，当他读大学三年级的时候，他突然感到自身出现一些奇怪的症状，例如他的手脚开始变得僵硬，他在走路的时候还会无缘无故地跌倒。

后来，霍金经过专家诊治后才知道自己患上了罕见的卢伽雷氏症，据说一旦患上这种病，人的肌肉就会随着时间的推移而不断地萎缩、硬化，更让人绝望的是，这是一种不能治愈的疾病。这也意味着，向来身强体健的霍金下半辈子都要在轮椅上过日子。

可是，当霍金全身瘫痪十年后，再次发生了更不幸的事情，这一次他被感染了肺炎。医生为了延续他的生命，不得不摘除他的气管。这是一项极为可怕的手术，据说要在霍金的脖子与气管上切开一个口子形成通气孔，就这样，霍金丧失了语言能力。

面对种种厄运，霍金还是坚持自己在学术上的追求。霍金凭借着十分顽强的毅力，终于成了当今世界上最伟大的物理学家。

面对如此悲惨的身体重创，霍金都不曾向命运低头，而是选择不断追求自己的事业，勇敢地与命运抗争。换句话说，霍金就是凭借着自己顽强的信念支撑着，而这股信念的背后，实际上就是霍金对生活与事业的追求。因为勇于追求非凡的人生，从另一个视角来看，身体不幸的霍金反而获得了另类幸福。

我们在人生的道路上，难免会有感到迷茫的时候，也不知道该往哪儿走。但是，我们都要做出一个选择，只要确定一个目标，不管前方是否平坦，我们都要勇敢地去追求。如果前方有荆棘，那就用双脚踏平；如果前方有沟壑，那就用双手去开辟道路，只要明白人生就是一个追求梦想的过程，那就不必瞻前顾后，只管大步向前即可。

从《泰坦尼克号》到《阿凡达》，一次次刷新自己票房纪录的导演詹姆斯·卡梅隆，被誉为“天才”、“怪人”。在他的世界里，只有电影，只有完美。十多年前执导《泰坦尼克号》时，年轻的卡梅隆，因为拍摄时间拖得太久，也因为影片的预算一再地被超出，投资人纷纷打算撤离，不愿再注资拍这部电影。当时的卡梅隆思虑之后，做出了一个决定：自己的导演费不要了，让他完成这部电影。

导演费是一笔相当可观的收入，但是卡梅隆为了艺术，果断地放弃了金钱，投入到了尽善尽美的艺术之中，投入到这部经典的电影之中。他曾发誓要拍一部真正的爱情故事，那被点燃的激情，怎么能轻易放弃呢？事后证明，正因为他的坚持，因为他的不顾一切，《泰坦尼克号》取得了极大的成功，也创造了票房神话。

时隔十多年后，卡梅隆积蓄力量，心中酝酿很久的3D电影《阿凡达》拍摄了出来，被称为划时代的作品。

很明显，卡梅隆之所以成功，并非仅仅因为他才华横溢，还是因为他作为一名电影导演拥有对于艺术的执着以及对于梦想的渴望。可是，生活中的很多人都做不到像卡梅隆这样去舍弃很多，只为追求自己的信仰。所以，卡梅隆成功了，那些轻易放弃追求目标的人还是过着庸庸碌碌的生活。

有人说：“人生的意义在于大胆去追求梦想。”的确，只有勇敢追求梦想的人才能实现梦想。倘若你因为受到一点挫折就轻易放弃追求，再美好的梦想不过是空中楼阁，可望而不可及。如果在追求梦想的过程中，你因为害怕失败而放弃，那么，你并非输给了命运，而是输给了自己。

心语日记

不管什么时候都要谨记：梦想的价值，主要体现在追求的过程当中。但是，不是所有的种子都能开花结果，也不是所有的追求都能达到自己理想的效果。这需要一个慢慢积蓄能量的过程，只有努力提升自己，才能开辟出一片属于自己的新天地，变得更加与众不同、出类拔萃。

第六章

一生总需要拼尽全力逼自己一次

人们大多喜欢安逸闲散的生活，可是，如果想要让自己的人生更上一层楼，就需要给自己加压，拼尽全力逼自己努力一次，怀着破釜沉舟、背水一战的勇气去为自己搏出一片全新的天地。

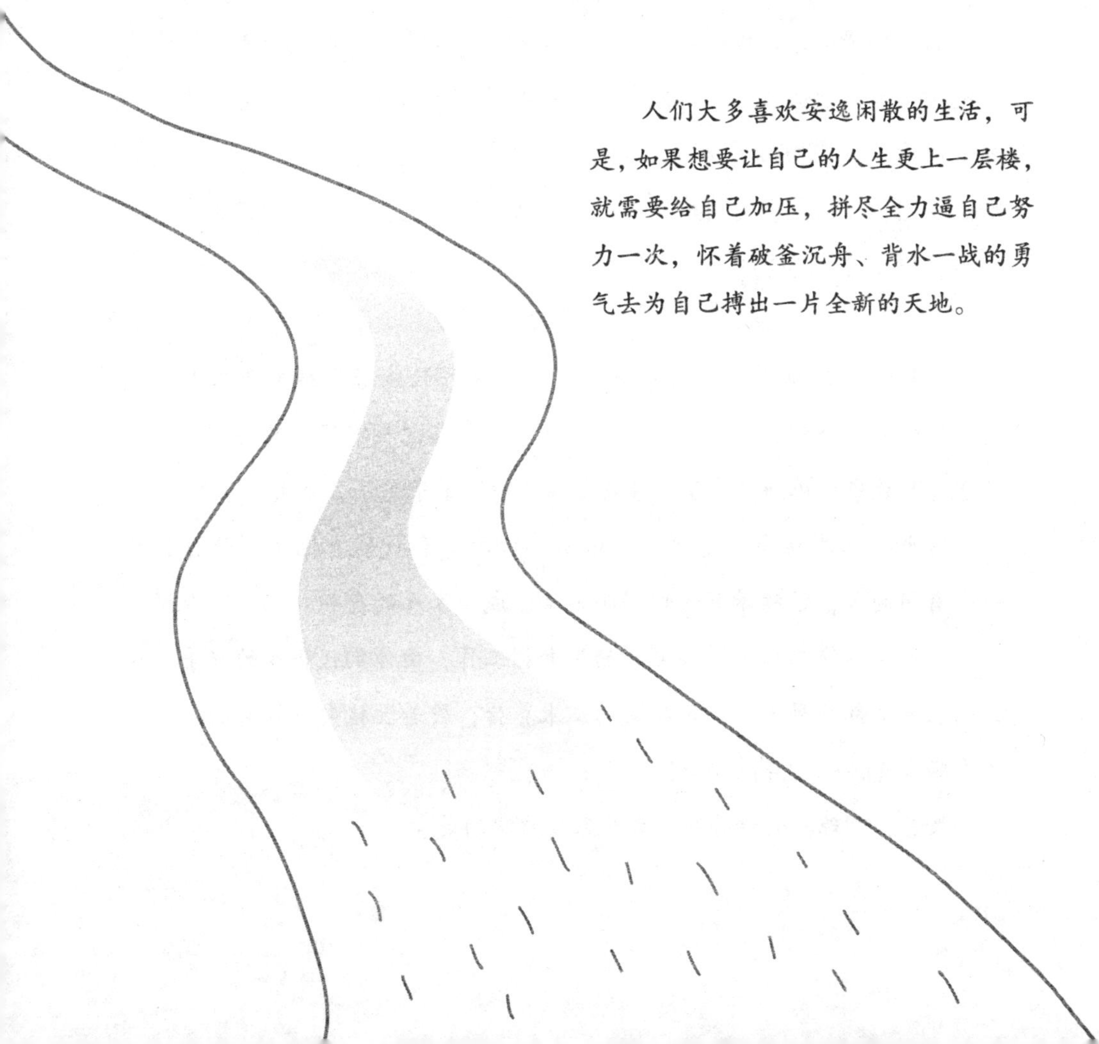

如果你想翻墙，请先把帽子扔过去

有一则谚语这样说道：“如果你想翻墙，请先把帽子扔过去。”因为你的帽子在墙那边，你已经别无选择，必须想方设法翻过去。这其实是一种“逼迫”，因为有了逼迫，你才会尽最大的努力。换言之，只有给自己施加压力，让自己退无可退，才能逼出优秀的自己，在为社会效力尽责的同时，也让自己的生活充实而有意义。

琼斯在威斯康星州经营农场，有限的收入只能勉强维持全家人的生活。他的身体强健，工作认真勤勉，从来不敢妄想拥有巨大的财富。在一次意外事故中，琼斯瘫痪了。亲友都认为他这辈子完了，事实却不然。

琼斯的意志丝毫不受影响，依然可以思考和计划。他决定让自己做一个有用的人，继续养家糊口，而不至于成为家人的负担。他对家人说：“我的双手不能工作了，我要开始用大脑工作，由你们代替我的双手。我们的农场全部改种玉米，用收获的玉米养猪，趁着乳猪肉质鲜嫩的时候灌成香肠出售，一定会很畅销！”

果然，“琼斯乳猪香肠”成为家喻户晓的美食。

天无绝人之路。生活抛给我们一个难题，同时也暗中给了我们解决难题的能力，这就是压力与动力并存的道理。琼斯的身体瘫痪了，可他的意志却丝毫不受影响，并且敢于乐观地面对残酷的现实。他利用自己的大脑，然后借用别人的手，依然干出了自己的一番事业。琼斯事业有成，是因为他面对压力没有低头，并且另辟蹊径，走向了事业的成功。

的确，每个人都应有迎接厄运的气度和胸怀，在打击和挫折面前做个坚强的勇者，跌倒了再重新爬起来，将自己重新整理，以勇者的姿态迎接命运的挑战。面对压力，喋喋不休地诅咒只能证明自己心胸狭窄和不成熟。与其如此，倒不如对它说声谢谢，感谢挫折和压力，是它让我们变得更加坚强。

我国著名的口画艺术家杨杰出生在农村，他六岁时双手触及高压线而不幸失去双臂，被送至儿童福利院十年。十年过后归家，周围发生了很大变化，他感觉到封闭、生疏、艰难，很不适应。痛定思痛之后，他决定要以绘画作为自己的事业。他向人讨来笔墨，每天用牙磨墨临池，用于练习的报纸高过他身高的几倍。

终于功夫不负有心人，他在世界多个国家表演了口画艺术，他的画在国外展出，并出版了个人画册，获得了多项荣誉称号。自强不息，哪怕有一丝希望也决不放弃，这就是杨杰的人生态度。

正因为有险境、有风波，才刺激、才快乐。人生好比旅行，因为有压力，才会有消除压力后的独特享受。

一个人所受到的压力和他的能力往往是成正比的，一个人所承受的压力越大，他可能释放出的能量也就越大。

一个人在高山之巅的鹰巢里，捉到一只幼鹰。他把幼鹰带回家，养在鸡笼里。这只幼鹰和鸡一起啄食散步、嬉闹和休息，它以为自己是一只鸡。这只鹰渐渐长大，羽翼丰满了，主人想把它训练成猎鹰，可是由于终日和鸡混在一起，它已经变得和鸡一样，根本没有飞的欲望了。

主人试了各种办法，都毫无效果，最后把它带到山崖顶上，一把将它扔了出去。慌乱之中这只鹰拼命地扑打翅膀，就这样它居然飞了起来！这时，它终于认识到了生命的力量，从此成为一只真正的鹰。

生活中，有些人在毫无压力中懈怠了，在安逸中放纵自我，在轻松中麻醉自我，失去了奋斗的动力，迷失了前进的目标，找不到生活的寄托，于是开始松懈，开始滑坡，将自己推向堕落的深渊。

“如果你想翻墙，请先把帽子扔过去。”当我们难以驾驭自己的惰性和欲望，不能专心致志地前行时，不妨采取一些自断退路之举，逼自己全力以赴地寻找出路，走向成功。

心语日记

据说像爱因斯坦这样伟大的天才，其潜能的发挥也还不到10%。正是因为有了追求，生命才会更加亮丽。我们应该坚持自己的理想，为了自己人生的最高目标去努力奋斗，终将会闯荡出一片属于自己的天空，正如诗人汪国真所写的：“没有比脚更长的路，没有比人更高的山。”

你以为的极限，弄不好只是别人的起点

有人曾问台湾漫画师蔡志忠成功的秘诀是什么，他的答案似乎简单得不能再简单了——“不给自己设限”。

某一年，复旦大学文博系迎来了这样一位新入学的女生，她以高考总分639分陕西第86名的成绩考到了复旦大学文博系。她没出过大荔县，出了大荔，就来到了上海。“当我彻底对听力世界绝望时，只剩下了面对人生的勇气。”当记者采访时，这个女孩这样说道。

也许你认为，这又是一个山里的娃经过刻苦学习飞出大山变成金凤凰的励志事迹。事实上，这个女孩在12岁时双耳失聪，为了跟上学习进度，她在初中时代把普通学生极容易做到的“听”课变成“看”课，在无声的世界里依靠老师的口型来揣摩学科知识。如果是你，可以做到吗？你还认为这是一个普通的励志事迹吗？这是一个女孩在向命运发起抗争。在双耳失聪的那一刻，你会给自己一个怎样的选择？是继续未完成的学业，选择常人不可想象的艰辛努力，还是告诉自己“我是一个双耳失聪的人，千人万人争的高考已不适合我，我已无法继续正常人的学业”？在双耳失聪的

那一刻，如果这个女孩给自己设限——听力不行，无法参加高考，那么今天在复旦大学的文博系，我们就永远不会看到这张骄傲的笑脸。站在人生的十字路口，当你徘徊是向左走，还是向右走，甚至决定后退一步时，跟这个双耳失聪却依然凭借“看”课考上复旦的女孩相比，你有没有觉得上帝还是眷顾你的？你的面前还有多种选择，关键是你究竟要选择哪一种。

“心有多大，舞台就有多大。”人生的美景千姿百态，可是你却把自己局限在一个框内，错过了路途中最美的景色。路过高山时，你说你不是个擅长登山的好手，结果你放弃了“一览众山小”的极致美景；面临大海时，你说你不是个搏击海浪的水手，结果海的彼岸却是繁花盛开。

你这一路兜兜转转，结果山未登、海没渡，你总是在关键的时刻给自己设限，告诉自己不如换个十字路口。可是下一个十字路口难道就没有高山耸峙、惊涛骇浪？没有真正征服过一座高山，没有真正搏击过一次海浪，你的人生就这样被你限制在一个相对安全的范围之内，这就是你想要的人生吗？

有一本震撼过亿万读者心灵的书，叫作《人生不设限》。这本书的作者叫作尼克·胡哲，他的不幸及奋斗曾让无数读者潸然泪下。尼克·胡哲是一名澳大利亚的“80后”，生来就没有四肢，只有生着两个指头的畸形的小脚。

尼克·胡哲形同“人彘”的形象，连他的父母都无法接受。父亲冲到产房外呕吐不已，母亲惊骇得失声尖叫，数个月后，才克服心中恐惧，将尼克·胡哲抱入怀中。也就是说，没有四肢的尼克·胡哲在生命之初，不被任何人所接受。他被剥夺的不仅仅是健康，还有正常的爱，以及正常人的生活方式。尼克·胡哲的父母在长达数月的震惊与不适中渐渐平静下来，决定以正常孩童的教育方式教育尼克·胡哲。

孩子们的眼中没有善恶，但却有正常与异类之分，小尼克·胡哲刚上学接受教育时，受尽了同学们的欺凌与嘲笑。尼克·胡哲悲伤不已，觉得如同怪物一样的自己不被他人所接受，无法与旁人一样正常生活，与其这样活着，还不如选择死去。十岁的时候，尼克·胡哲试图在浴池自杀，却没有成功……

我们十岁的时候，所承受的最大的痛苦可能是吃了父母的一顿拳打脚踢，或来自老师的严厉批评，这些片刻便会被我们忘到九霄云外，而尼克·胡哲的痛苦，却让十岁的他想到了死，那种根植在他心中的痛苦，我们无从体会。

在死而未成后，尼克·胡哲似乎想明白了一些关于生命的问题，他不再一味消沉，渐渐地，他有了朋友，有了快乐，有了生活的起色，以及新的目标——坚强地活下去，帮助更多的人摆脱痛苦的泥潭。

最后，尼克·胡哲成为著名的励志演说家，他用残缺的身体丈量着世界，他用真实的故事，感动着世界上各个角落的人，他用从生活中沉积下来的励志语言，温暖并鼓舞着每一个需要帮助的人。尼克·胡哲曾说过："上帝在我生命中有个计划，通过我的故事给予他人希望。"

与正常人相比，尼克·胡哲没有双脚用来走路，没有双手用来感知，甚至连一个"站"起来的动作，都要反复练习，才能掌握。如果他因为自己的残缺而否定自己，为自己设定上限——我的生命如此残缺，我什么也做不了，那么，简单地活下去就已经很艰难了吧，他将不会成为现在的他。

尼克·胡哲的眼中没有限制，他会游泳、踢球，以及打高尔夫，他甚至能掌握比正常人更多的技能，甚至能比正常人更有力量。因为他知道很多看似山穷水尽的绝境，都可以用坚持与自信另辟蹊径，很多看似不可能逾越的阻碍，都在努力面前不堪一击，而所有的梦想，都有可能实现。

如果你为自己设定了上限，那么你将陷入自己围起的桎梏中，很难再有大的进步与成就。比如，一个学生对自己设限为及格，那么他就不会去为满分努力，也不会去追求九十分，他只会用六分气力，留有余力地去复习。如果最终没及格，也不会太过失落，如果及格了或者超出预期，便会沾沾自喜。他的人生将从此循环往复，再无突破的可能。

心语日记

要知道，人生不应该有上限，一座山后，是另一座你目所不及的高峰，一段路的尽头，是另一段截然不同的开始。你以为的极限，很可能是别人的起点。

不逼自己，你永远不知道自己有多强

人永远不知道自己的潜力何在，如果还没开始就选择放弃，那无疑是最大的失败。面对困难的事情，很多人的第一反应就是逃避和放弃，其实如果我们多一点尝试，也许就能发现不一样的风景。

一个人，如果不懂得逼自己一把，那么又怎能知道自己有多优秀呢？每当遇到难题时，第一反应便是退缩，那么我们又怎么知道自己不能胜任这些工作呢？学会适当地逼迫自己，才能发掘出我们的无穷潜力，得到更好的发展。

小蒋是一家大型企业的部门经理，领导着几百名员工。然而，没有人知道这位女领导当年不过是一个普通的农民工。

1998年，小蒋从老家到广东打工，因为文化水平有限，只在一家酒店找到了清洁工的工作。小蒋对这份工作很满意，虽然累了点，但是有吃有住，她觉得十分幸运。然而，好景不长，这家酒店因经营不善倒闭了，小蒋一夜之间成了下岗工人。为了谋生，小蒋不得不到处奔波，寻找工作的机会。一次，小蒋路过一家公司，看到公司门前正贴着一张招聘启事。原来，这家公司正在招聘销售员，小蒋立即便去参加了面试。

面试时，面试官问：“你为什么要来做这份工作？”小蒋老实地回答道：“不找工作我就没饭吃，所以我必须要工作。”面试官看看小蒋的打扮，语气里带着怀疑说：“我们招的这个岗位是要求会打字的，你会吗？”小蒋一听愣住了，别说打字了，自己连打字机都没碰过呀。但想到如果失去这次机会，自己肯定要流落街头，小蒋便心虚地点了点头。面试官沉思了一会儿说：“那么，一个星期以后你来参加复试吧，就考打字。”

回到住处，小蒋开始为自己的冲动懊恼。虽然刚刚自己吹嘘会打字，但是一个星期后，人家就知道自己原来是骗人的。这可不行！小蒋心想：“大不了我从现在开始学，我就不相信我做不到。”小蒋用自己身上仅剩的钱租来了一台打字机，开始没日没夜地练习，到最后手指都磨破了，她也不敢休息。到了复试那天，小蒋竟然出人意料地拿到了第一名，并且顺理成章地成了唯一被录取的人。

人事经理满口称赞地说：“真看不出来啊，你果然很有能力。”小蒋听了既开心又激动，如果当时不是自己硬着头皮答应，不是关键时候逼自己一把，怎么能知道原来自己竟然可以在短短的一个星期之内就做出这种成绩呢？小蒋凭借自己的努力和无畏，如今已经成为一家五百强企业的销售经理，而且是这家公司唯一的低学历高能力的女经理！

小蒋从一个平凡的下岗女工到女经理的蜕变，并不是靠运气。她之所以能取得如今的成就，就是靠当初面试时敢于逼自己一把，才让自己有了一个好的起点。

一个人的知识可以通过学习去获得，但是一个人的经验就必须通过经历才能得到。学会对自己狠一点，适时地逼自己一把，让我们有更多的锻炼机会，才能让我们获得更多的经验和能力。为了逼自己更进一步，我们可以在给自己制订目标时，制订一个看上去比较难以完成的目标，这样我们才更有压力去为了这个艰难的目标努力。

当然，并不是什么情况下都适合“逼自己一把”，想要挑战自己，还要结合实际情况，而不是盲目地去执行。那么，什么情况下我们才可以逼自己一把，让我们发挥自己的巨大潜力，变得更优秀呢？

第一，分清楚你到底是不敢做，还是根本不想做。

对一件事有明确的目的和意图，你才会有动力去做，分清你是不敢还是不想做。如果你是不敢做，那么就要鼓足勇气去尝试，告诉自己一定可以做到；如果你是不想做，就可以好好考虑这件事最终带来的利益，给自己一个动力，才能提高我们的积极性。

第二，你是否有“逼一把”的能力。

面对一个难题，就像面对一堵峭壁一样，在我们攀岩到对面时，要先确定自己能不能够到达那座山。如果你的能力真的有限，那么就不该浪费时间在一件难以实现的事情上；如果你只是对自己的能力持有怀疑的态度，那么何不放手一搏，大胆地去尝试一下，也许就能攀上山峰看见不一样的风景。

第三，想做就做，落到实际。

既然决定了要逼自己一把，就不要有所犹豫，立刻把自己的计划落实。如果一直犹犹豫豫不敢动手，那么很快我们鼓起的勇气就会消失得无影无踪。想做就做，让自己迅速地投入，才能收获最佳的效果。

第四，不要畏惧失败。

既然选择了挑战自己，就要做好随时承受失败的准备。虽然人的潜力是无穷的，但能开发多少又是因人而异的。我们无法预知自己的能力到底有多高，也无法预知自己能不能完美地解决所有的难题。因此，我们要做好承受失败的准备，不要灰心丧气，而要把这个当作锻炼自己的机会。

心语日记

逼自己一把，你就优秀了；逼自己一把，你才能看清自己的能力。想要成就不平凡的自己，就要学会对自己狠一点。

只有后方没有退路，才会不遗余力勇往直前

很多时候，当我们准备尝试着去做一些事情时，总是在没开始之前，就安排好自己的退路，所以，结果不成功也没有什么值得大惊小怪的。

在公元前207年的“巨鹿之战”中，项羽的起义军与秦军主力部队展开了决定性战役。此时的项羽，深知只有断绝后路，才能使士兵们全力以赴，才能极大地激发起全军士气，将胜算提到最高。于是，他命令全军：“皆沉船，破釜甑，烧庐舍，持三日粮，以示士卒必死，无一还心。”最终项羽的军队大破秦军，威震诸侯。

当一个人在决定去做某件事的时候，就已经给自己选择了一条退路，那么，这也表示这个人随时准备承受失败的结果，想要成功又谈何容易！

因为有了退路，我们没有破釜沉舟的勇气和一往无前的气概，什么都不能将就，什么都不能坚持，遇到一点儿事、一点儿不如意，就重新选择，反正我们年轻，认为自己有大把的时间和机会。因为有了退路和保障，我们占有着主动权，暂时不需要我们为明天担忧，不需要我们去拼得头破血流，也就少了一份对事对物的执着和信念，少了一份担当和忍耐，

少了一种对自己的严格与狠绝。

《孙子兵法》有云：“投之亡地而后存，陷之死地然后生。”也就是说，置之死地而后生。很多时候，当我们刻意避开康庄大道，而将自己逼到绝路上，逼到死胡同里，才能真正定下心来，着眼于眼前，寻求突破之道，杀出一条血路。

你知道《巴黎圣母院》是怎样问世的吗？当时雨果有半年的时间完成这部作品，他完全可以不改变原来的生活和社交，游刃有余地完成。但他深知，这样做可能导致他写出一部平庸之作，于是他将所有娱乐工具锁进箱子，将钥匙扔进河里，断绝了游玩的后路，专心致志、心无旁骛地写作了半年，终于完成了这部鸿篇巨制，雨果因此获得了巨大的成功。

有时候，孤注一掷、封死退路，才能杜绝潜藏的惰性和懈怠，才能最大限度地发挥潜能，使成功的概率最大化。所以，就让我们拿出充盈的自信和勇气断绝后路，向成功的彼岸不断进发吧！

心语日记

置之死地而后生，说的就是这个意思，当你没有后路可以退，只有走下去的时候，你就会想尽一切办法，这样你就离成功不远了。

胜在险中求，求在险中胜

麦哲伦小时候就有一个非常伟大的梦想：一定要征服大海。

长大后，麦哲伦努力说服了西班牙国王，为自己提供了必要的帮助，之后，他就带着自己的伟大梦想勇敢地上路了。

在航行中，他们遇到了很多困难，比如食物短缺，最困难时，不得不靠老鼠充饥。在航行中，他们遇到了刺骨的寒风，不得不停止航行……

在航行中，每前进一步，都要冒很大的危险。但不管遇到多大的困难，麦哲伦都勇敢地面对，最后，他征服了大海，成了第一个完成环球航行的人。

风险与机遇并存，风险与梦想同在。如果你想实现梦想，就要敢于冒险。冒险不是成功的唯一保证，但不冒险绝对与成功无缘。

有人说："人生最大的价值就在于冒险，整个生命就是一场冒险，走得最远的人常是愿意去冒险的人。"

成功，有时只垂青于那些胆大敢为的人。而梦想，只垂青那些凡事先行一步、有胆有识的人。

洛克菲勒曾对自己的儿子说："人生就是不断抵押的过程，为前途我们抵押青春，为幸福我们抵押生命。如果你不敢逼近底线，你就输了。为成功我们抵押冒险，难道不值得吗？"

1859年，美国的安德鲁—克拉克石油公司公开拍卖股权，拍卖的底价是500美元。

洛克菲勒和他的合伙人也参与了这次拍卖。当价格一路攀升，升至5万美元时，人们都认为这个价格太高了，于是，洛克菲勒的对手们纷纷退出。但洛克菲勒却志在必得，以较高的价格买了这家公司。

很多人认为洛克菲勒是在进行一场豪赌，这一举动太冒险了。因为石油的开采和出售都有很大的风险，把身家性命全押在这里，等于自投死路。

在竞拍的过程中，洛克菲勒也曾犹疑退缩，感觉自己像在赌场上赌钱一样，有些心惊胆战，可他很快便平静下来，并告诫自己："不要畏惧，既然下了决心，就要勇往直前！"

冒险买下这家公司后，洛克菲勒开始努力经营。最终他的标准石油公司，在美国石油业占据了举足轻重的地位。

时光匆匆流逝，梦想不会为任何人停下前行的脚步，也不会因任何人的悔恨而倒退回到从前或起点，给人从头再来的机会。因而，心中若有梦，就不要畏首畏尾，而是要大胆向前。只要你大胆向前，凡事领先一步，你就能比别人早一步抵达目的地。

卡耐基说过："冒险是一种奋斗，一种促使人生变得更加辉煌的奋斗。"如果你想让梦想成为现实，想有非凡的事业与人生，有时，不妨去冒一下险。

1973年，比尔·盖茨被哈佛大学录取。能在这所世界知名的学府读书，是人见人羡的事。可还没毕业，当比尔·盖茨得知第一台个人电脑问世后，他就决定从哈佛大学退学，然后去创业。很多人认为，他是在冒险，可正是因为盖茨敢于冒险创业，才有了他后来的非凡成就。1975年，盖茨和好朋友保罗成立了公司，命名为微软公司。1981年，IBM公司正式展出其新型个人计算机，微软公司成了为IBM公司提供语言程序的公司。在IBM个人电脑问世半年后，微软正式成为个人电脑软件领域的领导者。此时，年仅26岁的盖茨也在业界赫赫有名。

有梦想的人，要有胆有识，要敢于冒险。在通往人生的路上总是高手如云、强者如林。如果有梦想，却不能主动地迎接风险的挑战，则只能面对被淘汰的结局与命运。

凯蒙斯·威尔逊是美国著名的企业家，他在17岁时，就极有冒险精神。当他发现剧院门前不出售零食时，他说服了剧院老板，在剧院门口放了一台爆米花机卖爆米花，由此，掘得了人生当中的第一桶金。

第一次世界大战后，威尔逊手头已经有了一定的资金，当时，国内经济衰退，投资房地产的人极少，地皮的价格非常便宜。由于美国是战胜国，经济会很快复苏，地皮价格也会迅速上涨，于是，威尔逊决定将所有的资金投资房地产业。

尽管当时很多人都感觉他在冒险，可三年后，他却获得了丰厚的利益。

1951年，威尔逊在一次旅行中发现国内旅馆的环境都不是很好，于是，他决定开一家环境和服务都很好的旅馆，并且立即着手行动，没过多久，他便建起了一个汽车旅馆。

由于汽车旅馆的位置好，价格低，卫生和服务条件都比较好，一时间，人们趋之若鹜，威尔逊的生意非常红火。

“先发制人，后发制于人。”只有比别人敢于冒险，时刻领先于别人，才能掌握主动，在竞争中获胜。

英特尔公司为鼓励员工的冒险和创造精神，在它的激励机制里，专门制定了一条“鼓励冒险”的条款，它甚至允许职工犯错误，也不允许职工按部就班。在网络时代，世界五百强与普通人站住同一条起跑线上。或许，明天的亿万富翁就是你，但前提是，你要敢于去冒险。

心语日记

每个人都有要实现的梦想，但奔向梦想的路，没有一条不是荆棘铺就的。如果希望好梦成真，想冲上梦想的云端，有时就要敢于冒险，大胆地去拼搏一下，而不是缩手缩脚，甚至原地踏步、自我设限、画地为牢。

要想人生不留遗憾，你必须敢想敢干

只有敢想敢干，才能干成事。邓小平曾说：“没有一点闯的精神，没有一点‘冒’的精神，没有一股气呀、劲呀，就走不出一条好路，走不出一条新路，就干不出新的事业。”

游小芊，是一个普普通通的成都女孩。一次，她参加一场同学聚会，睡过头的游小芊没有意识到自己两只脚上的袜子迥然不同。聚会中，一向外向的游小芊和好友嬉戏打闹。不经意间，好友看到了游小芊的个性穿着，惊讶地问：“小芊，你这袜子哪里买的，这么个性？”尴尬的游小芊正在盘算如何掩饰自己的窘态，却发现朋友并未嘲笑她，反而是对她的个性装扮大加赞扬。这让游小芊心生灵感，她拍着脑门嚷道：对啊！两只脚为什么一定要穿一样的袜子呢？

说做就做是游小芊的原则，聚会结束后游小芊便迫不及待地上网搜索有关资料。让她喜出望外的是，她发现在美国的服装界，一家名为“搭配小姑娘”的网络服装连锁公司正受到人们越来越多的关注。有关人士认为，“搭配小姑娘”这匹黑马会是除网上鞋店外的又一家成功的网络公司。

“搭配小姑娘”的强势崛起吸引了游小芊的眼球，因此她开始探索这家公司的运作模式。经过一段时间的考察后，游小芊发现这家公司是靠销售袜子起家的。短短两年时间，这家公司销售的袜子超过60万双，在全国范围内更是拥有六百多家实体连锁店，公司的实体资产和虚拟资产总价值高达1亿美元。

游小芊毅然决然地辞去了原本的工作，决心做一名袜子专卖店的老板。在说服家人之后，游小芊集资开了一家名为“足意”的小店，“足意，足够创意，足矣。”这就是小店的销售理念。放弃工作后，游小芊有大把时间可以用在自家小店的经营上。她做的第一件事情就是将采购来的各种袜子全部打乱，然后凭个人喜好随意搭配，为此她还特地请来了家中的女性成员为这些袜子“创意配对”。

在好奇心的驱使下，不断有人来到了游小芊的“足意”小店。随着往来的客人越来越多，小店的知名度也越来越大。十元左右一双的袜子，短短一天能卖出60来双，扣除成本外，游小芊日收益接近300元，而购买这些个性袜子的白领们也为这个美丽的城市再添上一道亮丽的风景线。

某一天，正在为袜子配对的游小芊听到一个女生说：“如果这只蓝色的袜子能和那只绣着阿狸的袜子是一对就好了。”游小芊突然发现这是一个吸引消费者的亮点，因此游小芊打出广告，每一位诚心来“足意”小店购买袜子的客人都拥有绝对的搭配权。改变销售模式后，游小芊干脆当起了“甩手掌柜”，她不再为袜子配对，而是在开门做生意之前将原本成双的袜子单只摆放，让消费者自行搭配。

“足意”小店的生意一日比一日火爆，消费者的人数和要求也越来越多，为满足不同客户的要求，游小芊又行动了起来。游小芊通过关系找到了一家袜子生产商，她希望能和生产商直接开展合作，订制一批具有品牌特色的袜子。通过洽谈，生产商答应为“足意”加工独具创意的产品。每一个好产品都应该有一个好名字，为此，游小芊为每只袜子编起了名字，有“SHOW6号”“前卫15号”等。游小芊的“点子”层出不穷，这也使得“足意”小店的规模越来越大，曾经的小店现在已然是拥有七家分店的大店了，而游小芊也用自己的双手为自己一年淘到了50多万元。游小芊不是一个偏安一隅的人，面对如今的局面，游小芊说，在她心中对“足意”的将来有更大的期盼，她希望有一天“足意”能在全国开上100家分店。

游小芊的成功就在于他认准了目标就行动，不瞻前顾后地想那么多，说做就做。如果游小芊只想不做，就可能一直等下去，就不会有这个结果。

心语日记

只言不行，万事不成。产品只有卖出去才能换成金钱，知识只有用出来才能变成能力。只有敢想敢干，梦想才能成真，否则将永远是梦。

想吃最香的螃蟹，你必须敢为人先

第一个吃螃蟹的人是勇士，第二个吃螃蟹的人是追随者，第三个吃螃蟹的人就是庸才。所以，很多时候，要想获得更大的成功，需要你突破陈旧思维，摆脱亦步亦趋的老调。敢为人先，要做第一个吃螃蟹的人。

第一，跟随前人的脚步，你永远只能在后面。

美国石油大亨约翰·洛克菲勒说过："如果你要成功，你应该朝新的道路前进，不要跟随被踩烂了的成功之路。"只有摆脱常人的思维模式，踏出一条新的道路来，你才能在财富之路上异军突起。

那些已经被前人"踩烂"的道路，你是很难走稳的。只有摆脱常人的思维模式，踏出一条新的道路来，你才能在财富之路上异军突起。

没有一个人能依靠模仿他人去成就伟大的事业。所以，要想成功就不能只想着抄袭，总是重走别人走过的路。

第二，空白领域往往存在着被人忽视的利润。

改革开放以后，内地对纸张的需求巨大，在香港通过回收，再把废纸从香港带到内地，借此张茵迅速扩大了企业规模。到了1987年，张茵开始在内地选择投资合作伙伴，分别和辽宁、武汉、河北的造纸厂合作，投资规模进一步扩大。此后张茵把事业触角延伸到美国，成为真正的“废纸回收大王”。

张茵就是在废品回收领域发现了别人没有发现的商机，所以做出了别人没有做出的成绩。很多热门领域的确拥有很好的市场，但这些领域因为关注的人太多往往难以留出利润给后来的人。所以，选择一些空白领域比挤独木桥要安全得多。虽然你也会遇到没有现成经验可以照搬的困境，但是因为少了更多的竞争对手，只要你能摸索出一条路，你就能成为这个领域的规则制定者。

第三，带着想法才能踏上新的路。

新的道路或者新的领域潜藏着更大的机会，但是盲目的寻路者也将付出更大的代价。想要走一条和别人不同的道路，挖到别人没有挖到的金子，你必须先做好充分的准备，不打无准备之仗。只有带着比较完善而成熟的想法，你的创新之路才能走得好。

美国家用电器大王休斯原来是一家报社的记者，后来辞职不干了。有一天，休斯应邀到新婚不久的朋友索斯特家吃饭。吃菜时，他品尝到菜里有一股很浓的煤油味，简直无法下咽。但碍于情面，他又不好说什么。索斯特不可能吃不出那种怪味道，但他也无可奈何，他新婚的妻子用的是煤油炉做饭，那时候大家都用那种炉子，很容易把煤油溅到锅里。索斯特只能埋怨炉子，然后又说：“要是能有一种简便、卫生、实用的炉子就好了。”

说者无意，听者有心。索斯特的话对休斯的触动很大。“对呀，为何不生产一种全新的炉具投放市场呢？”不过他明白，这个计划的实现必须依赖科技的创新，所以他把大量的资金投入到研发领域，最终在1904年成功地研制出一系列新型的家用电锅、电水壶等家用电器，解决了存在已久的厨房问题，这些新电器迅速占领了家电市场。

休斯的成功就在于他首先看到了别人没有看到的商机，然后制订了详细的计划，并且规划了工作的重点。也就是说他已经有了较为成形的想法，遵循着这些想法步步为营，最终成为电器大王。

所以，当我们脑中有灵光闪现的时候，我们首先要估测这些想法是否有市场价值，然后为它做充分的准备。有了这些前期的工作，你再踏上别人未走过的崭新道路，就能稳步前进。

心语日记

当千军万马齐挤独木桥的时候，其实，阳关道往往就在独木桥的拐角处，只要你换一种思维与视角就会惊喜地发现。

第七章

扛住！你就可以赢得整个世界

在生活中，很多人都喜欢把别人当做自己的依托，一旦天平倾斜，就不知所以，其实，再完美的生活都不要丢失自己的本色。强化自己，才能面对更多的别无选择。瞬息万变的征程总在改变着许多，人生路崎岖重叠，只有扛得住苦难的人，才不会在风尘中倒下。

扛得住，世界就是你的

“世界是你的，那就自己激扬文字；世界是你的，那就自己挥毫泼墨；世界是你的，那就自己书写人生。假如今天生活欺骗了你，不要悲伤，不要哭泣，因为明天生活还会继续骗你。”这是小川叔新书《扛的住，世界就是你的》中的一句话。

生活总会压得人喘不过气来，我们扛着，就像小川叔用自己的脚走出一条路一般，我们也同样得靠自己前行。生活中难免有痛苦和失落，但是我们不能总是用悲观的心态去对待生活，而应该在艰难中给自己一点儿希望，让自己坚强起来。

广东人钟爱东是百亩鱼塘的女主人，她曾经被冠以广东省“巾帼科技兴农带头人”的光荣称号。钟爱东的一生可谓跌宕起伏，因为她凭着自己的努力与智慧，从一名被迫下岗的女工成长为千万身家的养殖大王。当钟爱东到了不惑之年时，还是保持勤劳质朴的生活作风。当遇上困难时，她说："只要努力坚持下去，就一定会跨过这道坎儿。"

1997年，钟爱东从一名捧着"铁饭碗"的女工沦为下岗工人。她把自己将近20年的光阴都奉献给了这家工厂，还曾获得厂里"一把手"的荣誉，钟爱东本人也说："因为每天都要去厂里工作，以至于忽视了自己年幼的孩子。当听闻自己被迫下岗的消息时，更是感觉自己的心碎了，那一天，我哭得很伤心。"

钟爱东自从下岗后，过了一段迷茫的日子，直到她接到广州花都区妇联打给自己的一个电话，就是这个电话教会她"用微笑去迎接困难"。因为钟爱东在厂里上班的时候就喜欢与周围农民接触，得知养殖水产可以赚到钱，瞅准这一点，她拿出自己几十年的所有积蓄，再加上她跟别人借的钱，就是这样，钟爱东下定决心承包了200亩低洼田。因为资金不足，她只好把赚到的钱再投进去，进行滚雪球式的原始积累。坚持了几年后，她终于将200亩低洼田改造成水产养殖地。钟爱东曾经说道："刚刚创业的那段时间，我几乎将所有的时间都给了鱼塘。"据有关人士称，钟爱东每天都是风雨无阻地围绕池塘走一圈。

让人意想不到的是，钟爱东遭遇了自己人生中第二次重大打击。一场突如其来的洪水将她辛苦打造的鱼塘淹没了。那段时间，钟爱东伤心地站在堤坝上，眼睁睁地看着不断上涨的洪水慢慢吞没鱼塘，心中的苦楚不能述说。然而，钟爱东的丈夫却坚定地对她说："从哪里跌倒，就再从哪里爬起来。"坚强的她不再落泪，而是带领工人重新挖池塘以及培育鱼苗，她积极引进新技术，决心将被洪水淹没的鱼塘慢慢"找回来"。

最终，凭着顽强的意志力，钟爱东扛住了生活带给她的磨难，成为当地远近闻名的"鱼王"，她的鱼塘日益扩大，后来还创办了企业。历经多年的经营，钟爱东总结道："当一个企业不想创新，不能生产出新的产品时，就会如同脱水的鱼儿，很快就会死去。”

钟爱东与自己的丈夫有两个孩子，当她遭遇挫折的时候，家人是她坚持下去的强大支柱。她也因为家人的支持，才能一次次地攻克难关，走向成功。钟爱东常常说这么一句话：“人的一生难免会有失败，要紧的是如何看待失败。路是自己一步一步走出来的，认准目标努力走下去，扛住生活的重压，才会获得成功。”

要想获取成功，就必须扛得住人生的各种苦难。人们之所以觉得伟人强大，不仅是因为他们取得了常人难以企及的成就，更是因为他们在面对困难时的那份从容和淡定。生活中有一座座险峰，要想取得成功，就必须不怕曲折坎坷，不惧路远山高，一路拼搏。

心语日记

河水有涨落，生命也会有起伏，可是，当遇上磨难的时候，不管你是伤心，还是奋起，太阳总会在明天升起。所有的人都按照原有的步伐在前进，不会因为你的情绪不好，世界就会变得黯然失色。所以，要想看到彩虹，就要扛住风雨的侵袭，扛得住，世界就是你的。

你可以败给别人，但不要输给自己

别人认为你怎样并不重要，重要的是你应该肯定自己；别人如何打败你并不重要，重点是你不能先输给了自己。无论遇到什么境地，你要坚信自己。

一个小男孩在一场大火中被烧成重伤，经过医生抢救，男孩虽然摆脱了生命危险，可是医生告诉男孩的妈妈，孩子的双腿已经失去知觉，以后只能在轮椅上度过余生了。妈妈很难过，她强忍着心中的悲痛，每天推着男孩到外面呼吸新鲜空气。有一天，她像平常一样推着男孩到院子里散步，后来由于有事就先离开了。院子里阳光明媚，万物生机勃勃，一股强烈的愿望在男孩心里萌生："我一定要重新站起来。"于是，他用尽全力，推开轮椅，拖着无力的双腿，用双手在草地上向前爬行，他忍着疼痛，爬到篱笆墙边，扶着篱笆墙，一步一步地努力往前走，汗水从他的额头一直往下流，累了，他就停下来歇歇，喘口气又继续往前走。

就这样，男孩每天都抓着篱笆墙练习走路。时间一天天地过去了，他的双腿依旧没有任何知觉。可是他不想放弃，他不甘心自己一辈子在轮椅上度过。他下定决心，一遍遍地告诉自己："我一定要站起来，一定要用自己的双腿来行走。”一次，当他像往常一样扶着篱笆练习走路时，一阵刺骨的疼痛从腿部传来。他又惊又喜，更加卖命地走着，尽管每走一步，他都得承受着难以忍受的痛楚。从那以后，男孩的身体开始慢慢恢复，从最开始的能慢慢站起来，接着能够扶着篱笆走上几步，慢慢地，他可以独立行走了。后来，他和其他男孩子一样，能跑能跳，读大学的时候，他还进了学校的田径队。

这个男孩就是葛林·康汉宁博士，他创造过全世界最快的短跑成绩。

人生的逆流不会击退生活的强者，它只会成为强者的跳板，让强者变得更强。

还记得雅典残奥会上的《千手观音》吗？还记得那个翩翩起舞的孔雀仙子吗？邰丽华领舞的《千手观音》在2005年的春晚上感动了全国人民，人们因此记住了美丽的观音姐姐。

邰丽华出生于一个普通的职员家庭，两岁时，一场高烧让她陷入了无声的世界。邰丽华从小就领悟到自己跟别的小孩不同，那时她就懂得要自强和勤奋。在聋哑学校里，邰丽华品学兼优，经常受到老师的表扬。在学校的律动课上，老师踏响地板上的象脚鼓，通过震动传达给地板上的学生，让他们体会什么是节奏。为了体验这种感觉，邰丽华总喜欢把脸颊贴着录音机的喇叭，全身心地感受不同的震动。电视里的舞蹈节目，更让她充满了向往，她爱上了舞蹈，爱得痴狂。

幸运的是，邰丽华在艺术方面的才华被聋哑学校的一位女老师发现。女老师对其进行了舞蹈方面的培训，而舞蹈中的旋转、跳跃都让邰丽华十分痴迷，她下定决心要学习舞蹈。在残联的帮助下，邰丽华进入正规的舞蹈班训练。武汉市歌舞团的一位赵老师看中她是个可造之才，可是又碍于她无法听见音乐，就先答应让她在歌舞团里观察一段时间，看看她是否有领悟能力。开始的时候，邰丽华的基本功是团里最差的，叉腿不到位，提腿不准确，手位不协调。赵老师觉得这个小姑娘的舞蹈功底不好，后来她干脆放弃了邰丽华，把她一个人扔在排练室。

那段日子里，邰丽华变得更加刻苦，一天24小时，除了吃饭睡觉，她的剩余时间都是在练舞房里度过的。为了打好基本功，她一个人对着排练室的镜子一遍又一遍地练习。开始的时候，她只能转几个圈，半个月后，她就能转两三百个圈了。对于无声的邰丽华来说，她没办法听见伴舞的音乐，只有在心里不断地记忆、重复，再记忆、再重复……后来在她的心里有了一首永远为她奏响的乐歌。正是凭着这份执着和天赋，邰丽华终于在脱颖而出，获得了大奖。

15岁时，邰丽华随着中国残疾人艺术团出国访问演出，她那灵动的舞姿获得了异域观众的青睐，而且在很多次比赛中，评委们都没有发现这个浑身散发着灵气的女孩竟然是一位双耳失聪的聋哑人。

2015年春节晚会上，邰丽华领舞的《千手观音》让人们眼前一亮，并记住了这个美丽的女孩。

如今，邰丽华成了中国残疾人艺术团里的台柱子，担任中国特殊艺术协会的副主席，同时还是残疾人艺术团的“形象大使”。

我们生活在竞争如此激烈的社会中，与天斗、与人斗，每个人都想要获取胜利、出人头地。但是，经过多少次的失败，我们才真正地明白，那个最终使我们受伤的强大的敌人，深深地隐藏在我们自己的心中，这个世界上真正能够打败你的人，唯有你自己。人最大的敌人是自己，发挥自己最大的潜能，赢了自己，自然会赢了别人。

心语日记

在成长的路上，我们总会遇到挫折，总会有迷路的时候，这就犹如成长的帆在航行中会遇到逆流一样，当逆流袭来时，你是选择逃避还是勇敢地挑战，你准备好了吗？

强者，都是含着眼泪奔跑的人

强者，都是含泪奔跑的人！你吃的苦，你受的累，你掉进的坑，你走错的路，都会练就独一无二的成熟、坚强、感恩的你。

有一个中国大学生，以非常优秀的成绩考入加拿大一所著名学府。初来乍到的他因为人地两疏，再加上沟通存在一定障碍，饮食又不习惯等原因，思乡之情越发浓重，没过多久就病倒了。为了治病，他几乎花光了父母给自己寄来的钱，生活渐渐陷入困境。

病好以后，留学生来到当地一家中国餐馆打工，老板答应给他每小时10加元的报酬。但是，还没干到一个星期他就受不了了，在国内，他可从来没做过这么“辛苦”的工作，他扛不住了，于是辞了工作。就这样，他不时依靠父母的帮助，勉勉强强地坚持了一个星期，此时他身上的钱已经所剩无几。所以在放假的时候，他便向校方申请退学，急忙赶回了家乡。

当他走出机场以后，便远远看到前来接机的父亲。一时间，他的心中满是浓浓的亲情，或许还有些委屈、抱怨——他可从来没吃过这么多的苦。父亲看到他也很高兴，张开双臂准备拥抱良久不见的儿子。可是，就在父子即将拥在一起的刹那，父亲突然一个后撤步，儿子顿时扑了个空，重重地摔倒在地。他坐在地上抬头望着父亲，心中充满了迷惑——难道父亲因为自己退学的事动了真怒？他伸出手，想让父亲将自己拉起，而父亲却无动于衷，只是语重心长地说道："孩子，你要记住，跌倒了就要自己爬起来，这个世界上没有任何一个人会是你永远的依靠。你如果想要生存，想要比别人活得更好，只能靠自己站起来！"

听完父亲的话，他心中充满惭愧，他站起来，抖了抖身上的灰尘，接过父亲递给自己的那张返程机票。

他不远万里匆匆赶回家乡，想重温一下久违的亲情，却连家门都没有踏入便返回了学校。从这以后，他发愤努力，无论遇到多少困难，无论跌倒多少次，都咬着牙挺了过来。他一直记着父亲的那句话——"没有任何一个人会是你永远的依靠，跌倒了就要自己爬起来！"

一年以后，他拿到了学校的最高奖学金，而且还在一家具有国际影响力的刊物上发表了论文。

有人说："靠山山会倒，靠人人会跑。"所以，凡事都要靠自己，只要自己足够努力，照样能够获得精彩。人生最悲哀的是将希望寄托在其他人身上，却没有想过没有人会带着你的希望过一辈子，也没有人会一辈子呵护你、关爱你。所以，从现在开始，我们要足够坚强，不怕苦难，遇到挫折不灰心丧气，勇敢担负起生命交托给你的重量。你要懂得，没有人替你勇敢，没有人可以一辈子为你而活，所以要自己学会坚强。

生活就是这样，有时意料之中，有时意料之外。不过悲也好，喜也好，你都得活着，都要面对，等你的年龄到了足以有资格回味往事之时，你会发现，那正是你的人生。而这一路陪你走来的，不是金钱，不是欲望，不是容貌，恰恰就是你那颗坚强的心。

也许你害怕人生的风雨，于是你不想长大，但很多我们不想经历的，终究还是要经历。长大了就要承受很多东西。人生，从来都是艰难的，你得学会苦中作乐，因为如果你不坚强，没人替你勇敢。

或许，如果可以，你更愿意每天随心所欲，不用早起，不用在地铁上承受拥挤，不必看老板的脸色，在遭遇挫折以后，不需理睬什么“在哪里跌倒，就在哪里站起”。是的，如果可以，你可能更愿意蹲下来怀抱双膝，慢慢疗伤……可是，人生没有如果，即使有一千个理由让你黯淡消沉，你也必须选择一千零一次地勇敢面对，因为你不坚强，没人替你勇敢。

人生的绽放，需要你的坚强，没有坚强，你会变得不堪一击。只有经历地狱般的折磨，才会有征服天堂的力量；只有流过血的手指，才能弹出人世间的绝唱！

心语日记

当每天的坚强成为一种习惯，我们便不会再抱怨天地，你会发现生活虽然有无奈、愤恨、不公、苦痛，但只要坚强面对，它们根本不值一提，不过是生命中的一个个插曲。

痛过了，给自己一个坚强的理由

人的一生，既不是想象中的那么好，也不是想象中的那么坏。每个人的背后都会有辛酸，都会有无法言说的艰难。每个人都会有自己的泪要擦，都会有自己的路要走。只要记得，冷了给自己加件外衣，饿了给自己买个面包，痛了给自己一份坚强。

在牡丹江市林口县城的马家，降临了一个漂亮的女孩，眼睛大大的，两只眼睛黑葡萄般动人，大人一逗，女孩就咯咯地笑，很是讨人喜欢。父母把女儿视为掌上明珠，给她取名为天凤。

可是，就在小天凤八岁那年，一场意外让她的脑袋受到严重损伤，留下了后遗症，只能拄着拐杖走路，而且吐字不清，还流口水，衣服的前襟上总是戴着围嘴。每天，小天凤都得忍着痛去针灸、吃药，疼了就哭，闹脾气的时候她就摔东西。

日子一天天地过去了，小天凤脑部的伤势开始慢慢康复，靠着自己的努力，她终于吐字清晰，不再流口水了。不仅如此，靠着自己顽强的毅力，也可以自理生活和歪歪斜斜地走路了。10岁的时候，她嚷着要上学，被好心的老师留下了。

上学第一天的一大早，天风背着书包高高兴兴地往半公里外的学校走，这半公里地她走了一个多小时。在她对学习的坚持和勤奋下，期末取得了优秀的成绩，并在妈妈的鼓励下学会了骑自行车，她的心里也树立起了一个坚强的信念：“我并不比别人差，我一定可以！”

19岁那年，天风去盲人学校学起了按摩的理论课，全班19名学生，她的成绩最好。也就是在这里，天风遇见了她今生的缘分。

齐春辉，这所盲人按摩学校的学生会主席，一个天生的盲人。他比马天风年长七岁，和天风成为同学后，每次从家里回来，他都会给天风带点小零食。齐春辉如果上街买东西，就让天风给他领路，回来后给天风打水洗衣服，两个人在互相帮助中暗生情愫。之后两人又一同考上了残疾人大学，两个年轻人水到渠成，在大家的祝福里在一起了。

毕业后，两个人一起来到大连，租了一间不到18平方米的平房，婚礼办得简简单单。婚后，他们开始了甜蜜而又艰辛的生活。齐春辉在一家诊所实习，她就在浴池给人按摩。2001年，两个人有了自己的诊所，由于他们善于经营，再加上与人为善，来诊所的顾客越来越多，他们又开了新的诊所……

如今，他们的生活越过越好，不仅买了房子，还有了一个健康可爱的孩子。苦难过后，幸福终于来敲门了。

当我们遇到坎坷时，总觉得天空布满了阴霾，但是阳光总会在风雨之后撒向人间，人们总会看见那蔚蓝的天空，幸福终究会来敲门。

心语日记

人生苦短，生活中总是悲喜交织，得失并重。我们来到这个世界，等待我们的并不全是鲜花和坦途，承受苦难和挫折也是必修的内容。所以，不要轻言痛苦，也不要太注重结果。学会放下令自己不悦的事，学会放手令自己卑微的人，只要还有明天，今天永远都是起点。

就算再痛苦，也要微笑着说一句：我很好！

生活就如同一面镜子，你对着它微笑，生活也会对你微笑。所以，不管你此时的处境如何糟糕，都要记得微笑。为了让生活变得更美好，让我们牵起唇角，对着生活发自真心地微笑对待。

生命的美好在于去友好地对待他人、去欣赏大自然的美景以及用心探索生命的目的与意义。实际上，我们活着，就是为了去追求更多的快乐。

在“二战”期间，一位中年女士正在和其他人一起欢欣鼓舞地庆祝盟军在北非获胜的那一刻，突然收到一封来自战争前线发来的噩耗——她唯一的儿子在战争中牺牲了。

对于这位中年妇女来说，因为丈夫很早以前就因病去世了，儿子就是她生命的寄托，也是支撑她活下去的希望。当她得知儿子已死的消息后，她痛不欲生，精神濒临崩溃。多姿多彩的生活仿佛一下子失去了所有的颜色，她没有了工作的热情，也没有了庆祝盟军获胜的欣喜，此时此刻，她只想找到一个荒无人烟的地方结束自己的生命。

辞掉工作的她，机械地清理着儿子的遗物。她看着儿子的旧衣裳，一时间心如刀割。突然，她从儿子上衣口袋里发现了一封未曾拆开的信，那是她儿子临出发前匆匆忙忙给她写下的信件。她拆开信后，读到这么一段话："亲爱的母亲，请您放心，不管我到哪儿，也不管我遇上什么糟糕的情况，我也永远不会忘记母亲曾对我说过：'儿子，不管生活多么糟糕，你都要像个堂堂男子汉一样勇敢地去面对，面对生活中的所有烦恼与痛苦，你都要微笑以待。'我会永远记住您的教导，我爱您，母亲。"

这位可怜的中年妇女读完儿子的信后，热泪盈眶，她翻来覆去地将这封信阅读了很多遍，直到牢记于心。儿子已死，这是她唯一的念想。恍恍惚惚中，她好像看到儿子缓缓地走向她，面带微笑，亲切地对她说道："母亲，您怎么可以如此轻易放弃自己的生命，而不按照您教导我的那样去做呢？"

此时，她已经彻底放弃了轻生的念头，还鼓励自己说："既然儿子已经死了，那我就应该为了儿子更好地活着。像自己对他曾说的那样，不管生活再怎么痛苦，也要微笑着去对待！我没有让儿子复活的能力，可是，我却可以改变自己的心态，化悲痛为力量，坚强地活下去！"

几年之后，这位中年妇女不仅活得很好，而且开始拿起笔写作。最后，她也成了一位远近闻名的作家。

痛苦是现实生活中不可避免的，但是，我们不能放任自己沉浸在痛苦的泥沼中。只要事情有一线转机，我们就应该牢牢抓住并去改变痛苦的现状，努力活得更好，这样才不会愧对父母赋予我们的生命；当痛苦的事件发生后无法改变时，我们也要微笑着去面对，只有这样，才能忘记痛苦，看到希望的光束。

在美国，有一个名叫贝蒂的女人的生活与众不同，她必须独自一人生活在位于美国某座山上的一间特别的房间里。这个房间里面不掺杂其他任何有毒物质，整个房间都依靠人工灌注氧气才能正常呼吸。而生活在其中的贝蒂要想了解外界的世界，就只能依靠传真与外界沟通。那么，贝蒂在这之前究竟发生了什么事情呢？

原来，贝蒂在十几年前的一天拿着杀虫剂杀灭蚜虫的时候，全身竟然突发痉挛。她原本以为那只是一时的症状，却没有想到，从那以后，所有蕴含气味的东西，例如花香、洗发水等气味都能使她发生严重的过敏现象，哪怕呼吸几口空气也能使她患上支气管炎。这种多重化学物质过敏症现状属于慢性病，目前为止，国际上还没有研制出具体的治疗方案。

贝蒂的丈夫为了让贝蒂的生命得以延续，不惜以钢和玻璃为建材，专门为她建立了一个无毒空间，这对贝蒂来说，足以称得上躲避外界一切有味物质威胁的“世外桃源”。

在那个封闭空间里，贝蒂整整生活了八年的时间。自从她走进那个特殊的房间后，外界的花花草草、温暖的阳光、潺潺的流水声等都变成了奢望。她不得不时时刻刻待在这个没有任何装饰的房子里，独自一人承受着孤独。另外，她甚至没有流泪的权利，因为泪水与汗水一样会威胁她的生命健康。

“不能痛哭，那就选择微笑吧！”坚强的贝蒂这样对自己说。

当贝蒂在那个密闭小屋里生活了多年之后，竟然在孤独中摸索并创立了“环境接触研究网”。所谓“环境接触研究网”，只要是针对化学物质过敏症病变的研究问题。紧接着，她还和其他相关组织合作，另外开创了“化学伤害资讯网”，主要是提醒人们更加有效地避免所有威胁生命的元素。时至今日，“化学伤害资讯网”已经有来自三十几个国家的5000多名会员，不仅在每个月都定期发行刊物，而且还获得了美国国会、欧盟以及联合国的权利支持。

正像贝蒂所说：“不能痛哭，那就选择微笑吧！”这不仅代表着了贝蒂面对生活无可奈何的表白形式，更代表了她在历经非人的磨难后获得的坦然。

心语日记

一帆风顺的人生是不可能存在的，人的一生，或多或少都会遭遇一些挫折与磨难，只是，在面对磨难时，不要总是抱怨生活，而是要及时调整自己的消极心态，微笑着去面对人生中的所有困苦。

第八章

在逆境中成长，人生是熬出来的

“人的生命，好像奔流的洪水，如果没有遇上岛屿或暗礁，就很难碰撞出美丽的浪花。”因此，人的一生因为经历过逆境而精彩，就让我们在逆境中绽放自己最耀眼的光芒吧！

用一百次失败换取一次成功，我也甘心

人生不可能一帆风顺，更不可能一下子就把所有的事情都做好，失败是常事，这些都不可怕，关键的是，要敢于重来。

莫尔斯原本是一个画家，后来，他有了发明电报机的想法。于是，他兴冲冲地买来了很多实验仪器和工具，夜以继日地在实验室里做实验。他的实验桌上堆满了磁铁、导线和线圈。他设计了一个又一个的方案，绘制了一幅又一幅的草图，做了无数次的实验，却都以失败告终。

实验失败后，莫尔斯也曾经失望过，也有过想再去当画家的想法。但每次当他拿起画本，看到自己在本子上写的“电报”字样时，便又想起了自己的梦想，于是，他就开始冷静地分析失败的原因，开始总结经验与教训。最终他发现，利用电磁铁做成电铃来发信号是行不通的，必须寻找其他方式。

为此，莫尔斯拜著名电磁学家、感应电流的发现者亨利为师，虚心求

教，在亨利的启发下，他终于有了解决这一问题的方案。

最终，莫尔斯研制成功了一台传递电码的装置，他满怀希望地把它称为“电报机”。

之后，又经过10年的努力，莫尔斯用自己研制成功的电报机，向巴尔的摩发出了人类历史上的第一份电报：“上帝创造了何等奇迹！”

人生道路总是崎岖不平的，不管是过去还是现在，都要时刻做好失败的心理准备。

他出生在一个贫穷落后的小村庄，村庄里一直没考上过大学生。只有初中文化的父亲很重视对他的教育，在读书之前就给他买了很多启蒙读物，开始教他算数和认字。所以，从小学开始，他的成绩就很优秀，并因为成绩好而当了六年班长。初中和高中，他的成绩也都维持在班里前三名。

父亲经常这样对他说：“如果你能考上理想的大学，那你就是村里的第一个大学生了，全村人都会为你骄傲的。”所以，在他自己看来，考上好的大学是志在必得的事。但万万没想到，他居然临场发挥失常，成了一个高考落榜生。整整一个月，他坐立不安，常常将自己关在房间里偷偷流泪，要知道，自己为这次高考准备了整整12年！

一天，正在他默默流泪时，父亲悄然走进了他的房间，坐在他身边，良久，才拍拍他的肩说道：“你知道吗，我小时候也很爱哭。我还听说，你爷爷小时候也很爱哭。”他有些愕然地望了望父亲，父亲接着又说，“我一直都不认为哭是一件丢脸的事情，因为人懂事了才会哭。”

“爸，对不起，我辜负了您的期望，没能成为村里的第一个大学生。”他有点哽咽地说道。

“没错，我一直都很希望你能考上大学。我这辈子最大的遗憾，就是没读过大学，所以我希望你能帮我实现这个愿望。”父亲顿了顿说，“但是，人生不会一帆风顺，如果你这次没有跌倒，那么你将来也一定会跌倒，甚至要跌得更厉害。现在，你不过是一次高考落榜，你还有很多机会，重要的是你能重新站起来！”

他知道自己不是弱者，选择复读是最明智的做法。

就这样，又经过了一年的努力，他终于考上了理想的大学，成了村里的第一个大学生。

不惧怕失败，敢于重来，就能为自己打开人生的另一扇窗，就会为自己走向成功打开另一条通路。

心语日记

不惧怕失败，永不言弃，敢于重来，就会为自己打开人生的另一扇窗，就会为自己走向成功打开另一条通路。坚持不放弃、意志坚定，以必胜的精神和心态去苦干、去坚持、去奋斗，持之以恒地朝着正确的方向前进，成功就会向我们走来。

拿起你生活的勇气，跌倒了就再爬起来

从哪里跌倒，就从哪里爬起来，是一种坚韧不拔的品质，是一种顽强不屈的个性，是成功者必备的大智慧。从哪里跌倒，就从哪里爬起来，这是勇者的通行证，是强者的座右铭，是实现梦想的不二法则。

跌倒了，不代表着站不起来。可很多人在跌倒的时候，会感觉生活没有了任何希望，甚至是走到了希望的尽头，于是，就待在地上不想起来。也有的人会自然地爬起来，拍拍身上的尘土，继续赶路。还有的人会坐在地上，稍稍犹豫一下，或者想一下，我为什么会跌倒呢？如果想不明白，也会站起来，继续前行。

其实，在通往人生的路上，跌倒是难免的。如果你不小心跌倒了，不要悲伤，不要哭泣，而是要从哪里跌倒，就从哪里爬起来。因为悲观哭泣都于事无补，只有爬起来继续前行，才能到达目的地。

好莱坞女明星哈莉·贝瑞是一位拥有黑白混血的演员，是美国黑人女性的杰出代表。2001年，她凭借在电影《死囚之舞》中的出色表演，赢得了第74届奥斯卡金像奖“最佳女主角”奖，成为奥斯卡历史上的第一个黑人影后。

然而，哈莉·贝瑞被命运开了一个天大的玩笑，她的事业一下子从巅峰跌到了谷底，那是在第25届金酸莓电影奖（恶搞奥斯卡金像奖的颁奖典礼，每年都抢先在奥斯卡颁奖之前揭晓，借以向倍受传媒批评的劣片致敬）颁奖仪式上，哈莉·贝瑞主演的《猫女》被评为“最差影片”，她也被评为“最差女主角”。可是，她一手拿着当年夺得的奥斯卡最佳女主角奖杯，一手拿着金酸莓奖奖杯走上颁奖台，惹得台下一片笑声。此举震撼了整个好莱坞，因为她是第一位亲手接过此奖杯的好莱坞女影星。

对于这样的颁奖仪式，好莱坞的明星们从不正眼相看，更别提参加这个颁奖仪式，接过授予自己的“最差××”奖杯了。可哈莉·贝瑞来了。

主持人问：“您为什么不怕丢丑，前来领奖？”

她站在众人面前，从容地紧握着奖杯说：“我认为，作为一个演员，我们不能只听溢美之词，而拒绝批评和指责。在赞扬和恭维中，我会迷失方向，而批判和审判让我清醒。今天我来领取这个金酸莓‘最差女主角’奖，就是为了使自己获得清醒。我相信它将成为我人生中最宝贵的一笔财富！”

话音刚落，台下就响起一阵又一阵热烈的掌声。

次年，哈莉·贝瑞凭借《×战警》再次站在了奥斯卡颁奖台上。她用自己的自信、毅力和奋斗征服了所有的评委。2012年，她凭借《暗涌》赢得西雅图电影节最佳女主角奖。

因为懂得避开光环，坦诚迎接批评，所以哈莉·贝瑞是清醒的。因为这一份清醒，她认识到自己的不足，然后知不足而进取，所以才会不断创造佳绩。

一个暂时失利的人，如果继续努力，打算赢回来，那么他今天的失利就不是真正的失败。相反，如果他失去了再次战斗的勇气，那就是真的输了！

跌倒了，只要能爬起来，即使你摔的跟头很大．即使是摔得鼻青脸肿，你都有机会实现梦想。反之，如果跌倒了，你爬不起来，甚至从此吓得不敢在通往梦想的路上继续前行，那么，你就难以品尝到成功的喜悦。

在2016年里约奥运会男子举重56公斤级赛事中，龙清泉以总成绩307公斤打破世界纪录获得金牌。这样一个奥运冠军在追梦的路上也有跌倒的时候。

龙清泉在年少时就已成名，未满18周岁的他在2008年北京奥运会上以292公斤的总成绩夺得金牌，他的成就令全国人民都记住了这个小伙子。2009年，龙清泉再次获得全运会金牌和世锦赛冠军，实现了大满贯。

当龙清泉获得了无数的名利时，他变了。他没有抵挡住糖衣炮弹的进攻，他爱喝酒，常常打游戏到半夜，不再专心打比赛，在生活中迷失了自我。意志消沉的龙清泉的职业生涯开始走下坡路，大家都在议论，这个年少成名的小伙子是否就此沉沦，从此一蹶不振。

在这段黯淡无光的人生岁月里，女朋友曾莉云一直在他身边陪伴着他，不离不弃。之后龙清泉和曾莉云步入了婚姻的殿堂，正是爱人的长情陪伴和鼓励，龙清泉重拾信心，下定决心参加里约奥运会。

2014年，两人的爱情结晶“小小龙”诞生，做父亲的责任感令龙清泉成熟起来，承担起了家庭责任。龙清泉决心为妻儿再拼一次，抓住里约奥运会这最后一次机会。（因为等2020东京奥运时，他已经30岁了，这样的“高龄”想要参加奥运会，机会非常小。）

2015年，龙清泉在教练的带领下开始了逆袭。2015年全国锦标赛上，龙清泉的成绩恢复到298公斤，在2016年的奥运选拔赛上以300公斤的成绩夺冠，直接晋级，获得直通里约奥运的资格。在8月8日这一天的里约奥运赛场上，龙清泉抓举137公斤、挺举170公斤，以总成绩307公斤刷新世界纪录，夺得金牌！

很多人跌倒了，总是担心自己会成为人们的笑话。其实，在实现梦想的路上，人人都有跌倒的时候，如果你忍受着痛苦爬起来，或许，会得到别人的帮助，而如果你丧失了爬起来的意志和勇气，当然不会有人来帮助你，只能让别人看轻。所以，跌倒的第一时间，一定要努力爬起来。

心语日记

行走于人生的路上，跌倒、摔跟头是难免的，这些并不可怕，可怕的是很多人因此对人生失去了希望，或者缺少再爬起来的勇气。所以，如果你跌倒了，一定要咬紧牙关，给自己一份勇气，一份鼓励，让自己重新站立，然后，再一路高歌。

爬起来永远比摔倒的次数多，你就战无不胜

每个人在实现梦想的路上都会经历失败，失败并不可怕，可怕的是你有没有在失败之后再爬起来的决心。

每个人都知道的一句话，但是真正做到的人却很少。因为让自己接受失败，再次树立起被打击的自信心的确是件困难的事情，但是如果你想成功，就不要害怕摔跟头。

黎明又换工作了，这已是他在这一年里失去的第六份工作。他拥有英语六级证书，第一家公司却认为他口语不过关；他是电脑二级程序员，第二家公司却嫌他打字速度太慢；第三家公司与部门经理不合，他炒了老板；紧接着，第四家，第五家……他失望地说：“一次次全是失败，我浪费了一年的时间。”

朋友一直耐心地聆听，然后对黎明说：“我给你讲个笑话吧。一个探险家出发去北极，最后却到了南极，人们问他为什么，探险家答：因为我带的是指南针，我找不到北。”

黎明说：“怎么可能呢？南极的对面不就是北极吗？转个身就可

以了。”

朋友反问：“那么，失败的对面不就是成功吗？跌倒了不可怕，只要你勇敢地站起来，总会有成功的一天。”一时间，他觉得自己又有了自信，他又开始了自己的求职之路，终于，功夫不负有心人，他找到了一家很适合自己的公司，他在那里发展得很好。

在每一次与挫折交锋后，我们都有可能会跌倒，但是跌倒并不可怕，可怕的是跌倒后破罐子破摔，不奋起直追。如果人类在学习直立行走时，因为害怕跌倒而拒绝尝试，那么现在我们跟一般的动物有什么区别呢？就因为不怕跌倒，解放双手，人类才创造出了属于人类的辉煌文明。因为一次跌倒而拒绝爬起来继续上路，会错过太多的风景。

人生这一路上，也许在不留神间就会摔倒，甚至摔得鼻青脸肿，但只要勇敢地面对，跌倒一次不算什么，从哪里跌倒就从哪里站起来，我们同样可以迈开大步，继续往前走。只要一步一步踏实坚定地前进，那么，那些曾经绊倒过你的挫折最终就会向你低头，向你屈服。所以，我们没有必要惧怕跌倒，跌倒了我们就再爬起来，直到获取最后的胜利。

遇到困难时，我们不应该把时间浪费在抱怨困难多么大、多么难以克服上，如果把眼光滞留在挫折带给我们的痛苦上，就很难有多余的心思来考虑自己下一步的对策。面对困难时，你必须冷静体会面对困境的感觉，然后考虑下一步的对策，分析如何才能冲出重围，否则就会败得更惨。

不过，当真正跌倒的时候，每个人的态度是不一样的。有的人跌倒了，很自然地爬起来，拍拍身上的尘土，什么都不想，继续向前走；有的人在跌倒后，静静地坐着，思前想后，将跌倒的原因以及下一步怎么走都考虑成熟后，再爬起来，信心百倍地大步前进；也有的人跌倒后，暗自垂泪、怨天尤人、自暴自弃。这些不同的态度，自然就会产生不同的人生。

第一种人，无论经历过多少次“跌倒”，都不会有所收获，因为他思想的弦生了锈，不会总结失败，不去分析失败的原因，下次遇到同样的困难，他依然会跌倒。

第二种人的做法值得我们学习。他们跌倒后，没有麻木，也没有抱怨，能很快地将自己置于冷静的分析状态中，总结曾经的错误经验，深谙“吃一堑，长一智”的道理，跌倒不仅没有成为自己人生的障碍，反而是作为一种提高、一种腾飞的前奏。这种人不会做一些毫无意义的事，不会在不可更改的事实面前浪费自己宝贵的时间，而是尽量将挫折转化成一种人生的财富，把挫折当成人生道路上的一个转折点，使自己以后能够飞得更高更远！

第三种人也注定一事无成。遇到困难，只一味地沉浸在伤心中，没有勇气爬起来，也无力面对接下来的问题，所以他注定与美好的未来绝缘。他之所以挣扎得如此痛苦，是因为太过看重挫败后人们的评论与眼光。

其实，只要把跌倒当成一件很正常的事来看待，就不会太过在意了。遇到困难跌倒了并非遇到了世界末日，一时的跌倒也不代表一生的失误。只要心中充满热情、思维通透，就不会被一次不小心的“跌倒”困住前进的脚步。挫折不过是走路时不留心踩到的钉子，第一次踩到时也许刺痛了脚，但只要把它拔出来抛弃掉，下次走路的时候小心点就可以了。

心语日记

这个世界上有太多因为跌倒而成就了一个大人物的故事，其实，很多事情都是在一念之间。如果我们摆正心态，遇到挫折未必是一件坏事，经历挫折不过是让你多了一份阅历，多了一笔财富。那么，就把“跌倒”当作一次人生课程吧，这是个积累成长经验的好机会。

只有打败了一个个委屈，才能前行

委屈，是一种很容易产生的心情。当你心怀好意去做一些事情却被当作别有用心的时候，当别人把造成错误的原因强加于你的时候，当你把梦想当作事业，而别人却将你视为不务正业的时候，多数人都会心怀委屈，甚至是怨恨。

在明朝万历年间，内阁首辅张居正为了江山社稷，为了天下黎民，决定实行变法。

大明王朝到了万历登基之时，像是一个恶疾缠身的久病之人，要想让它重振雄风，最好的办法莫过于改革变法，除旧布新，给朝廷做一场彻底的大手术。

可新法令的推行，势必会有损于一些人的利益，所以，主持变法的张居正便被人怀恨在心。一时间骂声从四面八方向张居正涌来。

张居正一心为国为民，却落得千夫所指的下场，他的心里是痛苦的、委屈的，但他却没有在群起攻讦中后退半步，也没有因委屈苦涩而心如死灰，他依然向着那个“利国利民”的目标昂然前行。他将委屈尽数埋在心底，也没有去想自己的未来会是如何。

最终，张居正的改革取得了一定的成效，为万历年间资本主义的萌芽打下了良好的基础。

明代文学家袁中道在评价张居正时，曾说道："其立朝，于称几毁誉俱所不计，一切福国利民之事，挺然为之。"意思是说，张居正当朝为官，但凡一切福国利民的事，都会坚定不移地去做，而关乎自己的东西，却不去计较。张居正如果因遭人误解、攻击而放弃变法，如果让心中的委屈羁绊前行的脚步，那他只会是一个庸碌无为的内阁首辅，而不会是梁启超口中的"明朝唯一的大政治家"。

同理，如果我们因苦于无人理解而感到满腹委屈，又因为委屈而舍弃梦想，那我们便枉负了之前的一切努力，也毁了自己的人生。

一个能成大器的人，必然也能受得了委屈。曾国藩就是一个这样的人。

曾国藩20岁时，在衡阳求学，拜在汪觉庵门下。有个叫杨甫瑞的同窗和他同舍，他的家族在当地很富有，是有名的富家子弟。杨甫瑞为人骄横，总是依仗家里的权势欺负同窗，更是嫉妒处处比他优秀的曾国藩，百般刁难。

一天，曾国藩正坐在窗前，认真地大声朗读文章，正读得专心，突然有人大声吼道："曾国藩！你把光都挡住了，我还怎么看书啊，还不赶紧给我挪开！"曾国藩一听就是杨甫瑞，便停下来侧身朝对面的杨甫瑞看了一眼，此时的杨甫瑞并未读什么书，而且窗户的光线也并没有挡住他的光线，摆明了是想找茬。

明白一切的曾国藩心里很生气，想和他理论，又觉得跟这种人生气不值，就把凳子移到自己的床前，继续读书，没有理会那个无理取闹的“霸王”。

到了晚上，没有了光线，曾国藩点着灯津津有味地读书。杨甫瑞又冲他喊叫：“白天读，晚上读，在这装什么勤奋，你的声音那么大，我们还睡不睡觉了？”曾国藩听了，没有和他说话，自己默读起来。

不久，曾国藩中了举人，同窗们都向他道贺。可嫉妒的杨甫瑞不但没有表示祝贺，反而大声冲曾国藩嚷嚷：“这屋里的风水原本是我的，你一来就夺走了。”旁边的同学看不下去了，质问他：“你怎么反咬一口，曾国藩的书案原本就是你定的位置！”杨甫瑞不听，仍强词夺理：“我不管，就是他夺了我的风水。”杨甫瑞这样无事生非，倒打一耙，大家都纷纷指责杨甫瑞，倒是曾国藩过来劝解大家，这点小事不值得争论，大家对曾国藩都刮目相看。

立身处世，受不得委屈是无法成就大事的。曾国藩以后仕途通达，成为晚清将帅之才，这跟他年轻时候就表现出来的隐忍气度有很大关系。

事情都有两面性，委屈与仇恨一样，能带给我们证明自己的动力，也能带来满腹的牢骚。委屈对你而言，是良药还是毒药，究竟是让你更加坚强，还是催生出放弃的想法，就看你能否摆正心态，驾驭委屈。

十年树木，一棵小树，从弱小细枝到华盖参天，绝非一日之功，它要经历风吹雨淋，承受烈阳曝晒，更要学会在冰天雪地里耐心等待。百年树人，一个人，从蹒跚学步到成家立业，也不是朝夕可成，总要经历世间百态，饱尝人生五味。很多事情，并没有想象中那么可怕，难以忍受。很多事被我们放大了负面影响，而忽略了其带来的积极意义。就像吃药一样，我们常常因为药汁难以忍受的味道而抱怨不已，却淡化了它给我们带来的康复效果。

感到委屈时，不要抱怨，将它放在心里，当作成长的养料。是故步自封，还是破茧成蝶，全在一念之间。

心语日记

委屈的存在，不仅仅只是为了拿来打击和考验我们，可能也像一个提醒，让我们不要忘了还可以去努力变成更强更好的人。当你真的战胜了那些让你觉得委屈的事情，你才能前行。

坎坷算得了什么，大不了从头再来！

往昔，有许多值得骄傲的所谓成功，也有值得留恋的故事，但对于现在，永远只是曾经。走过一段路，当我们向下一个方向前进的时候，我们需要从头再来的勇气；当一切属于自己的东西流逝，我们需要从头再来的勇气。悔过骂过，哭过恨过，我们还要学会笑着继续过，大不了从头再来，从一个终点又走到另一个起点。

桑德思上校60岁退役回到家乡，然后开始领到自己第一笔保险金，社会保险金187美元。60岁似乎是应该接受死亡的年龄，但是桑德思上校下定决心，他不能够接受这个现实，怎么办呢？他突然想到自己家里面祖传的一个炸鸡配方，他下定决心，要把这份炸鸡配方拿去做生意，拿去创造事业，他拿着这份配方走遍全国。但是每次都是不可能，他遭到了1007次拒绝，直到1008次，老板因为看到这位上校满头白发而且满脸皱纹，就给了他一次机会，而这一次机会造就了如今的肯德基。

在生命的旅途当中，有的人往往遭到了几次拒绝，就放弃了。他们认为不可能、行不通、办不到，就开始下结论，就给自己宣判“死刑”。就这样，很多的梦想无法成真。这时候要停下前进的脚步，掸掸赶路的灰尘，望望身后的日子，轻轻对自己说，从头再来。这是与过去的决裂，也是对未来的展望。

“丈夫为志，穷且益坚，老当益壮。”有抱负、有雄心的人立下志向，越是窘困越要坚强。不管遇到多么大的挫折，多么大的失败，只要我们抱着一颗“从头再来”的不死之心，我们就会有看到光明的那一刻，我们就会有走向成功的那一天！

马云出生在杭州，从小家境贫寒，他两次高考失败，第三次终于被杭州师范学院录取。毕业后，马云被分到杭州电子工业学院教英语，同时兼职做翻译。

后来，马云辞职后换了几份工作。1995年他创办了海博翻译社。因为帮助杭州市政府和美国一家公司谈合作，马云在去美国时第一次接触到了互联网。1995年，马云创建了中国最早的互联网公司之一“海博网络”，并启动了中国黄页项目。

随着互联网在中国升温，中国黄页在一夜之间冒出许多竞争者，当时最强大的当属本地的杭州电信。实力悬殊的竞争使得马云最终向对方出让了70%的股份，但双方合作并不愉快——失去决策权的马云完全施展不开手脚。

1997年，当时的外经贸部向马云伸出了橄榄枝，他将自己所持的中国黄页剩余股份贱卖，带着几个创业伙伴远走北京，继续开发网上贸易站点。在租来的不足20平方米的小房间埋头苦干15个月后，不仅让外经贸部成为了中国第一个上网的部级单位，而且将净利润做到了287万元。

然而，外经贸部此前对马云团队许诺的股份因种种原因迟迟没有落实。他决定从头再来，重新创业。1999年2月，在杭州湖畔花园的马云家中，以50万元起步的阿里巴巴诞生了。

2014年，阿里巴巴在纽交所上市，马云成为中国首富。

马云的创业之路不是一帆风顺的，如果他在创业过程中遇到困难就放弃，而拒绝从头再来，那么很显然，就不会有今天人人皆知的马云。

大多数人在遭遇人生困境时，却没有像马云一样从头再来的勇气，他们往往只走熟悉的路，用旧有的经验判断……以至于错过很多美丽的风景，以致人生不能再上一层楼。而那些我们自己紧紧抓在手里的不必要的包袱，开始消磨我们的意志，使我们不敢期待，不再做梦，不再勇于付出。

也许你在电脑面前辛辛苦苦敲击的长篇大作因为电脑的死机瞬间而化为乌有；也许你忙忙碌碌种的庄稼因为一场突如其来的天灾而绝产；也许你历尽艰辛建起来的大楼一夜之间坍塌而成为一片废墟……不要再去抱怨时运不济，也不要再去慨叹命运多舛，我们没有足够的时间停留在唉声叹气上，更不能相信所谓命运之神的安排。我们要做的就是擦亮双眼，用一张充满信心的笑脸去迎接新的挑战，走过去，前面才是一片天！

其实，生命中没有什么过不去的山，过不去的坎。问题是，在艰难险阻面前，你是被困难吓倒，还是振奋精神挑战困难。有时，我们会遇到一些生命的极限，消极的人接受极限，积极的人挑战极限。一个人在挑战命运、挑战生命的过程中，会激发潜能，干出不平凡的事业来。

心语日记

没有什么是生命不能承受的。只要我们愿意放下旧的包袱，抛弃旧的习惯和旧的传统，怀有自我更新的勇气与再生的决心，愿意学习新的技能，开始一个更新的过程，活出另一个自我，相信我们一定能发挥我们的潜能，挑战人生，重新飞翔。

只要相信还有希望，就有机会涅槃重生

人生总会面对各种坎坷，当我们面对濒临绝望的境地时，心中必须对希望有一份坚守，并不断地去努力寻找希望，只有如此，才会在失望中涅槃而生。

多年前，有一个美国女孩因为一场意外使双眼受了重伤，她只能借助左眼角的小缝隙勉强看到东西。在童年时，她很喜欢和邻居家的孩子们玩跳房子游戏，不过，她根本看不见记号，所以只有将自己游玩的每一个角落都记在心中。这样，即便是和孩子们赛跑她也从来没有输过。正是凭着这种坚韧的精神，长大以后她斩获了明尼苏达大学文学学士及哥伦比亚大学的文学硕士的双重学位。

她年轻时曾经在明尼苏达的一个乡村里当过教师，后来又成了“奥加斯达·卡雷基”的新闻学和文学教授。这13年她过得很充实，她不只教书育人，还在妇女俱乐部做演讲、在电台做谈话节目。再后来，她写了一本自传体小说——《我想看》，一经发表立即引起轰动，成为畅销良久的文学名作。她就是50年如盲人般生活的波基尔多·连尔教授。

对于自己的成功，波基尔多·连尔这样说：“其实，在我的心中，不

时也会冒出是否会变成全盲的恐惧，但是我坚信生活会很美好，我以一种乐于面对的高度去面对我的人生。”

或许是上天对于她这份坚持的奖励，在52岁时，波基尔多·连尔教授经过现代先进医术的治疗，终于获得了比以前好40倍的视力。如果没有对于信念的坚守，她所看到的一定不会是如此绚烂的世界。

只要还相信有希望，就会有奋斗，就会有机会。最悲惨的就是万念俱灰。一些人在连续遭遇挫折后，失去了自信心，经历了多次众叛亲离，以致最终绝望。其实，人在低谷的时候，只要你抬脚走，就会走向高处，这就是否极泰来；如果你躺下不动了，这就是坟墓。

希望是附身于存在的，存在便有希望，有希望便有光明。

一位旅行者在大漠迷了路，此时他身上只剩下一个梨。他十分惊喜地喊道：“太好了，我还有一个梨，它能救我的命！”

他一直紧紧握着手中的梨，在大漠里行走。望着茫茫看不到尽头的沙漠，他无数次对自己说：“吃一口吧！实在渴得难受。”可是转念一想：还是在最渴的时候再吃吧！

于是他继续在望不到尽头的沙漠里艰难跋涉。就这样一直坚持了三天，他终于看到前方的一座小镇。他久久地凝视着手中的那个已经干了的梨，是它给了他无穷的希望和勇气，挽救了自己的生命。

人活于世，始终要保留着希望，丢失了希望，与行尸走肉又有何异？事实上，只要我们能够在逆境中坚守希望，总是会有雨过天晴的时候。

心语日记

天有不测风云，当与逆境不期而遇时，不要悲观，要对人生充满热情与信心。实在感觉没有希望时，就换一个角度去考虑，或许，你就会有新的希望与收获，就会欣赏到不同的风景。

你忍受的痛苦，都会变成将来的礼物

人生是艰难的，我们会承受很多的痛苦。所幸的是，我们受的苦难越多，我们承受苦难的能力就越大，生活的快乐就越多。

王磊高考落榜后进入补习班复读，可是在补习班这样一个鱼龙混杂的集体中难免会受到一些影响，再加上落榜导致的情绪低落，他学会了抽烟。课间操时，他叼着一支烟在教学楼的楼梯口遇见了校长，王磊一时来不及把烟掐灭扔掉，便咬着牙将还未抽完的烟攥在了手心里，他不敢让校长发现他在抽烟。

校长走到身边询问他不去做操的原因，他简单地找了个理由想蒙骗过关，可是校长没有就此走掉，还在继续讲话，而此时他哪里听得进校长的话，攥了烟的手有种钻心的刺痛感，可是为了不被发现，依旧握得紧紧的。当课间操结束时，校长抓起手上紧紧攥着烟头的王磊，走进了办公室里。

到了校长室，校长便要他把手掌打开，已经满头大汗无力与校长争辩的王磊，便乖乖地把那只攥着烟头的手慢慢地展开。手心已经被烫坏了，手掌上全是一个一个的小水泡，校长立刻把这只不堪入目的手掌放到水龙头下冲，冲完后用纱布把手缠上。

过了许久，校长才开始说话。原来，他在下楼的时候就看到王磊在抽烟，但是没有制止，校长想看看这个学生到底能忍耐多久，校长非常心疼地看着他的那只手，激动地对王磊说：“连烟头烫伤这样的疼痛都能忍受住，到底还有什么不能忍受呢？一次的失败又能怎样，一次的落榜又能怎样！”

从校长室出来，王磊做了一个改变命运的决定——他把口袋里的香烟和打火机都扔掉了。校长的一番话激起了他所有的斗志，而他也将一切杂念都抛诸脑后，变得与从前判若两人。付出果然会有回报，第二年，他拿到了大学录取通知书。看到手上那个伤疤，他开心地笑了……

攥在手心里的刺痛感，成为他忍耐一切的动力，成为他跳得更高的动力。人的一生只有经历各种磨难和痛苦，才能真正地品味出人生的酸甜苦辣。棉花是磨不出刀子的，学会在苦难中成长，在夹缝中生存才是最重要的。

1949年，林豪勋出生在台湾，是土生土长的卑南人。他曾经是一个能歌善舞的卑南勇士，但是命运给他开了一个几乎是致命的玩笑。

1977年，正值花样年华的林豪勋在台北工作，因为母亲中风，所以辞职回乡，和姐姐林清美一起照顾母亲，也顺便帮家里盖房子。当时，林豪勋在二楼接两个外甥抛上来的砖块时，不小心脚踩空了，整个人从楼上重重地摔了下来。

林豪勋被送到医院抢救，他的颈椎受到了严重伤害，心脏随时都有可能衰竭。医生说这种病例在全世界都没有好起来过的先例，一辈子都必须瘫痪在床。

瘫痪后的林豪勋，感觉自己什么也不能做，陷入了绝望的深渊，并且很快想到了死。他想，自己死了，就不会连累家人，也不用面对以后无法想象的艰难生活。但是，林豪勋连一只叮咬他的蚊子都赶不走，更不要说自杀了。既然连自杀的权利都没有，又不忍心把悲伤留给同样重病卧床的母亲，他只好选择继续活下去。

“怎样才能不做一个废人呢？”为了不至于每天坐在轮椅上无聊，他一定要找到寄托。

1990年底，朋友送给他一台淘汰了的电脑。电脑很快成了他的寄托，就像他自己说的那样：“上帝虽然关了一扇门，但也帮我，凭借着电脑，开了另一扇窗。”

他用嘴巴咬住筷子来敲击键盘，克服了种种困难，终于能在电脑上打字了。

于是，他一个字接一个字，慢慢地完成了族里二百六十多户亲友的族谱，建立起了整个族人的历史，同时也追索了他自己的过去；与此同时，他将卑南人的单字、词语，一键又一键地输入电脑，然后细密完整地归纳，最后完成了四千多个单字的《卑南字典》。

但真正让林豪勋在电脑中找到春天的，并不是族谱和字典，而是音乐创作——尝试以现代音乐诠释并创新卑南传统歌谣。

林豪勋的创作是卑南传统歌谣与现代乐器的结合，不但巧妙地延续了古老歌谣的生命，还融入了现代的新文化，展现出丰富的内涵和磅礴的气韵。

2000年，林豪勋出版了他的CD，里面收录了10首精彩的卑南人传统歌谣。

林豪勋曾经说过：“没有谁的生命可以重来，躺在床上这么久，我有足够的时间去思考生命是什么。现在，我的世界就是一台电脑和一张床，但是家人的扶持、亲友的帮助，还有我的音乐，以及卑南人文化使命，让我活得非常有意义。”

林豪勋说，只要他还活着，就会认真地过好每一天。生命的每一份经历，都是弥足珍贵的。今天你所承受的所有痛苦，都会成为未来幸福的缘由。

心语日记

要想成功，一定要先经历艰苦的奋斗和艰辛的磨砺。记住，你今日所受的苦，总会有一天能够照亮你未来的道路。

企业家推荐语

黄校长是我所接触的年轻人中成功的代表，勤奋好学是他的优秀品质，此书正是他走向成功的心路历程的真实写照，我读后深受感动，望年轻人能够从中汲取有价值的精神食粮，实现自己的梦想！

南通中集集团总经理　鞠晓峰

黄老师是在新时代下通过自己的勤奋努力，最终实现自己梦想的典范，也是我们学习的榜样。他不屈不挠的创业精神，对我有很大的鼓舞，值得我与大家共同学习分享！

江苏安惠生物科技有限公司董事长　陈　惠

黄校长是我教授的学生中最努力的一个，他靠自己的勤奋，不断创造奇迹，虽然身体不好，但是他却创造了很多第一，每次都让我倍感振奋。到底是什么让他如此成功，细想之后，我在本书中找到了答案——努力到感动自己，全世界都会为你让路！他的这种特质值得当下的年轻人学习。

南京大学商学院市场营销系主任　博士生导师　郑称德

黄校长是我多年的朋友，这些年，我亲眼见证了他成功路上经历的点点滴滴，这本书是他奋斗的真实写照，但还不够全面。成功者除了需要努力外，还要有善于学习的精神、正能量的好心态、帮助客户成长等优良品质，这些都是黄校长所具备的。他是我的好友，也是我学习的榜样！

江苏颐生酒业总经理　张泉汇

黄校长不只是一个好的讲师，他更是一名优秀的企业管理教练、咨询顾问，他博学多才、幽默风趣，每次与他交流都能给我很多启发和思考！他努力的程度及优秀的人品是值得我学习的！

南通富士通集团董事长　石　磊

声明：本书由于出版时没有及时联系上作者，请版权原作者看到此声明后立即与中华工商联合出版社联系，联系电话：010-58302907，我们将及时处理相关事宜。